블라디보스토크에서 바이칼호까지

서무송

1927년 중국 길림성 안도현 명월진에서 출생하였으며 평양종합대학 지리학부와 경희대학교 대학원 지리학과를 졸업하였다. 건국대학교, 상지대학교, 공주대학교에서 지형학 강의를 하였으며 아주공과대학 전임교원을 지냈다. 한국동굴학회 창립부회장 및 고문과 대한지리학회, 한국지리교육학회, 한국지형학회의 이사를 역임하였다.
한국 최초로 고수동굴을 개발하였으며 국내외 동굴 130여 개소를 탐험·답사하고 연구하여 동굴퇴적물에 대한 새로운 명칭을 부여하고 학계에 보고하였다. 특히 제주도 용암동굴에서 나타나는 패각사 기원의 종유석과 석순을 연구하여 2차원의 위종유동이란 이름으로 국내외 학술지에 발표하였다.
대표저서로는 『신지형학』(1972), 『한국의 동굴』(1987), 『한국의 석회암지형』(1996), 『지리학 삼부자의 중국지리 답사기』(2004), 『지형도를 이용한 제주도 기생화산 연구 및 답사』(2009), 『카르스트지형과 동굴 연구』(2010), 『나의 지리답사 60년』(2010) 등이 있다. 『한국의 동굴』로 제6회 한국과학기술도서 저술부문 과기처장관상을 수상하였고, 『지형도를 이용한 제주도 기생화산 연구 및 답사』는 2010년 문화체육관광부 우수학술도서로, 『카르스트지형과 동굴 연구』는 2011년 대한민국학술원 우수학술도서로 선정되었다.

블라디보스토크에서 바이칼호까지
극동 시베리아의 세 도시, 그리고 바이칼호의 성인과 주변 지형

초판 1쇄 발행 2017년 7월 17일

지은이 서무송

펴낸이 김선기
펴낸곳 (주)푸른길
출판등록 1996년 4월 12일 제16-1292호
주소 (08377) 서울특별시 구로구 디지털로 33길 48 대륭포스트타워 7차 1008호
전화 02-523-2907, 6942-9570~2
팩스 02-523-2951
이메일 purungilbook@naver.com
홈페이지 www.purungil.co.kr

ISBN 978-89-6291-417-7 93980

*이 도서의 국립중앙도서관 출판예정도서목록(CIP)은 서지정보유통지원시스템 홈페이지(http://seoji.nl.go.kr)와 국가자료공동목록시스템(http://www.nl.go.kr/kolisnet)에서 이용하실 수 있습니다.(CIP제어번호: CIP2017014951)

블라디보스토크에서 바이칼호까지

극동 시베리아의 세 도시, 그리고 바이칼호의 성인과 주변 지형

서무송 지음

푸른길

머리말

독일의 지질학자이며 자연지리학자인 리히트호펜(Ferdinand von Richthofen, 1833~1905)은 1860년부터 동부아시아 각지를 여행하고, 1868년부터 1872년까지 중국 대륙을 여행하였다. 그는 문자 그대로 주마간산(走馬看山)을 하였지만 자연지리학사에 길이 빛나는 위대한 업적을 아낌없이 남겼다.

리히트호펜의 명저 *China*는 그의 생전에 3권이 출간되고 사후 제자들에 의해 지도집을 비롯한 2권의 책이 추가로 발행되어 총 5권으로 완간되었다. 이 가운데 태평양 연안의 궁상열도(弓狀列島) 이론은 오늘날의 판구조론(plate tectonics)의 선구적 생각으로 오브르체브(Обручев)의 바이칼호 성인론, 베게너(Wegener)의 대륙표이설(대륙이동설, Continental drift theory)에 지대한 영향을 주었다.

리히트호펜이 주창한 동부아시아의 구조론은 태평양 중앙해분의 침강설이며, 이로 인하여 멀리 알류샨 열도, 쿠릴 열도, 일본 열도, 류큐 열도, 필리핀 군도 등은 한결같이 태평양 중심부를 향해 활처럼[弓狀] 휘어졌다는 것을 간파하였다. 즉, 거대한 태평양 해분의 천천한 침강에 의한 끌어당기는 힘과 멀리 안가라 대륙에서 밀어주는 힘의 작용으로 휘어졌다는 것으로, 이것이 바로 대륙표이(大陸漂移)의 원형이며 암석권(Lithosphere)이 암류권(연약권, Asthenosphere) 위에 떠서 움직인다는 기본적 신념에서 나온 이론이라고 본다.

한편 미국의 자연지리학자 윌리엄 모리스 데이비스(William Morris Davis, 1850~1934)는 지리적 윤회설을 들고 나와 19세기 말엽과 20세기 초엽의 지리학계를 풍미하였다. 그는 지구의 내인력(內因力)은 원지형(原地形)을 만들었고 외적영력(外的營力)인 수류의 작용, 빙하의 작용, 용식 작용, 바람의 작용, 파랑의 작용은 전술한 원지형에 작용하여 침식, 운반, 퇴적을 하며 지표면의 균평화(均平化)에 이바지한다며, 그것을 인간의 일생에 비유하여 설명하였다. 데이비스의 가설에서는 지각변동으로 생성된 원지형, 지형 진화의 초기 단계를 유년기, 최고로 진전된 단계는 장년기, 노쇠한 단계는 노년기, 종말 단계는 종지형, 즉 준평원이라고 부른다. 이와 같은 지형의 진화는 되풀이된다고 하며 에피소드로 윤회의 중절(中絶)과 회춘(回春)이란 융통성을 삽입하였다.

지표면은 잠시도 쉬지 않고 움직이며 화산 폭발, 지진, 단층 등 내적영력이 작용하며, 외적영력 또한 쉬지 않고 작용한다. 데이비스의 지리적 윤회설은 자연지리학의 발전을 저해하였다는 혹평을 하는 학자들도 있으나 초기의 자연지리학 발전에 흥미를 불러일으켜 학적 발전에 크게 기여하였다.

—

필자는 어렵사리 연해주를 비롯한 동부 시베리아 답사를 결행하였다. 블라디보스토크에서 시베리아 횡단열차에 몸을 싣고 차창 관찰을 하며 하바롭스크까지 이동하였고, 다시 승용차 편으로 이르쿠츠크에서 바이칼호 최대의 호중도 올혼섬으로 이동하였다. 우리나라 제주도의 3분의 1보다 약간 큰 올혼섬을 동서남북으로 정밀하게 답사하였고, 바이칼호를 중심에 두고 주변 지역을 답사하였다.

험준한 산악지대는 위성사진을 통하여 관찰하고, 답사를 못한 지역은 구글어스(Google Earth)를 통해 지형을 조감하였다. 또 많은 사람들이 촬영하여 인터넷에 올린 사진들을 검색하며 지형 정보를 얻었다. 아름다움에 도취하여 올린 한 장의 사진이지만 그 속에는 오묘한 지구과학적 정보가 담겨 있어 지형 분석에 많은 도움이 되었다.

러시아에서는 영문 표기를 별로 쓰지 않으므로 필자는 힘들게 깨알 줍듯 러시아어 표기를 감행하였다. 우리말 음이 붙어 있으니 후일 이 지역을 여행할 때 러시아어 자모를 읽으며 러시아 문자도 익힐 수 있기를 바란다. 실제로 유엔의 공용어는 영어, 프랑스어, 스페인어, 아랍어, 중국어, 러시아어 등 6대 언어이다. 이들 공용어는 국제회의에서 동시통역되며 편리하게 사용되는 문자 그대로 유엔의 공용어이므로 영문 표기만을 고집하는 편협한 생각은 버려야 한다.

이번 답사를 하며 블라디보스토크의 민속박물관과 하바롭스크 박물관의 지질광물 전시관, 부랴트 자치공화국 수도 울란우데의 암석광물 및 지질관, 이르쿠츠크 바이칼 박물관 등을 관람하였다. 러시아 지질학자들과 지구과학자들의 깊은 연구와 노력에 경의와 감사를 드린다. 난해한 용어가 힘들고 껄끄러워도 과학지식이 우리의 행복 그 자체라는 것을 생각하며 단어 하나도 가볍게 생각하지 말고 스마트폰의 어학사전 및 구글 외국어 문항사전을 뒤지며 알고자 하는 노력, 되새겨보려는 마음가짐 그 자체가 행복이라고 생각해보길 바란다.

끝으로 미국 유타 대학교 종신명예교수 이정면 박사와 전 우리은행 부행장 이창식 선생께 감사드린다. 90세의 고령에도 지리학자로서의 명예를 지켜준 이정면 박사의 끈기와 환갑 나이의 이창식 선생의 봉사정신에 힘입어 이 답사를 성공적으로 끝낼 수 있었다. 또 영리를 생각하지 않고 항상 지리학사에 길이 빛날 좋은 책을 만들어내기에 온 정성과 역량을 쏟고 있는 지리학도이자 대한지리학회 이사인 (주)푸른길의 김선기 대표께 감사함을 전한다.

이 한 권의 책이 지난날의 '철의 장막'이 걷히고 이제 시작된 러시아, 특히 시베리아를 여행하거나 답사할 때 길잡이가 되기를 기대한다.

차 례

1부

극동 시베리아의 세 도시

블라디보스토크 대교. 동양에서 가장 아름다운 교량이라고 할 수 있다.

01

동양 속의 아름다운 유럽도시, 블라디보스토크

블라디보스토크(Владивосток)는 우리나라에서 2시간 반이면 갈 수 있는 유럽풍의 아름다운 항구도시이다. 도시의 첫인상은 호주의 시드니 항구를 축소한 것같이 아름답다는 것이었다. 막상 차를 타고 여기저기를 돌아보니 높지 않은 구릉들이 온 시를 뒤덮고 있어 놀라지 않을 수 없었다. 건물의 앞은 어김없이 낭떠러지요, 조금만 걸으면 계단과 육교로 이어져 심히 불편했다. 블라디보스토크는 수많은 계단과 육교 및 갈지자형 도로의 도시경관을 나타내는 이색적 입체도시이며 시베리아 횡단

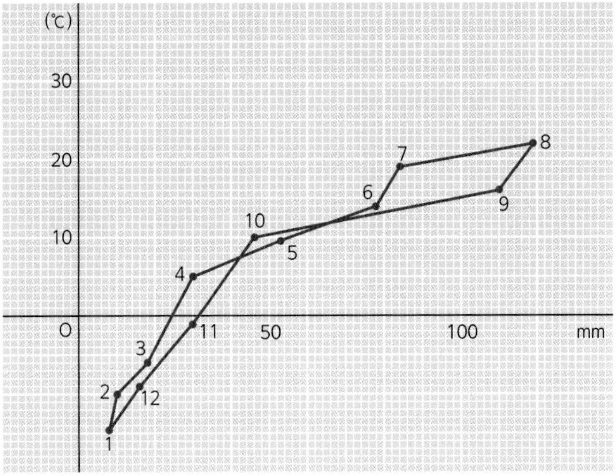

블라디보스토크의 기후표(climograph)

* 주: 하루의 최저기온과 최고기온을 합쳐 둘로 나눈 일평균 기온을 한 달 동안 합친 것을 30~31로 나눈 수치가 월평균 기온이며, 1년보다는 10년 또는 30년 동안의 월평균 기온을 합쳐 연수로 나눈 월평균치를 누년 월평균 기온으로 기후표(climograph)를 작성한다. 강수량도 같은 방법으로 합산된 통계수치를 얻어 월평균 기온과 월평균 강수량을 하나의 점으로 월별로 나타낸 것이다. 여기서 세로축은 온도, 가로축은 강수량이며, 1년 열두 달의 점을 선으로 연결하여 임의의 한 지역의 기후적 특성을 일목요연하게 파악하는 데 사용하는 일반적 기후도표이다.
* 출처: 미국의 National Geographic Atlas 제7차 개정판 1999년 부록인 세계 중요 도시의 기후통계수치를 이용하여 필자 작성.

열차의 시발역이자 종착역이다. 금각만(Золотой Рог)을 가로지르는 아름다운 교량은 블라디보스토크 시를 상징하는 기념비적 존재이다.

블라디보스토크는 겨울은 춥고 건조하며 여름은 무덥고 강수량이 비교적 많은 계절풍의 영향을 받는 기후지역이다. 1년 중 가장 추운 달인 1월의 평균기온은 −14℃이며 강수량은 8mm, 가장 더운 달인 8월의 평균기온은 22℃이며 강수량은 119mm이다.

신한촌 삼주탑

나라 잃은 백성들이 모여들어 독립운동을 하던 신한촌 옛터

필자는 우선 민족의 얼과 피와 땀이 서려 있는 신한촌부터 찾아보았다. 나라를 잃은 한민족이 블라디보스토크의 이곳 신한촌에 모여 1937년 중앙아시아로 강제 이송될 때까지, 한민족의 학교를 설립하고 신문을 발간하며 망명정부를 수립하여 국권을 회복하기 위해 반일항쟁의 기치를 높이 들었다.

그러나 신한촌은 흔적도 없이 사라지고 지금은 러시아 사람들의 주택지로 변하였

연해주 신한촌 기념탑문

건립기

다. 현재 그 자리에는 과거 신한촌을 기리는 기념비가 서 있다. 한국에서 실어온 화강암으로 한국과 북한 그리고 러시아에 산재해 살고 있는 한민족을 상징하는 삼주탑을 건립하고, 전면에 기념비를 세웠다. 기념비에는 다음과 같이 기록되어 있다.

민족의 최고 가치는 자주와 독립이다. 이를 수호하기 위한 투쟁은 민족적 성전이며, 청사에 빛난다. 신한촌은 그 성전의 요람으로 선열들의 얼과 넋이 깃들고, 한민족의 피와 땀이 어려 있는 곳이다. 1910년 일본에 의하여 국권이 침탈당하자 국내외 지사들은 신한촌에 결집하여 국권회복을 위해 필사의 결의를 다졌다. 성명회와 권업회 결성, 한민학교 설립, 신문발간, 13도의군 창설 등으로 민족역량을 배양하고 1919년에는 망명정부(대한국민의회)를 수립하여 대일항쟁의 의지를 불태웠다. 그러나 한민족은 1937년 불행하게도 중앙아시아에 흩어지게 되고 신한촌은 폐허가 되었다. 이에 해외한민족연구소는 3·1독립선언 80주년을 맞아 선열들의 숭고한

넋을 기리고 재러·중앙아시아 고려인들의 마음의 상처를 위로하며, 후손들에게 역사인식을 일깨워 주기 위하여 이 기념탑을 세운다.

1999년 8월 15일

한국 사단법인 해외한민족연구소

기념비 후면의 건립기에는 다음과 같이 기록되어 있다.

이곳 신한촌은 독립운동의 요람일 뿐 아니라 교육·언론·문화의 중심지로서 지금 러시아와 중앙아시아 지역에 거주하고 있는 50만 한민족의 근원지이며 마음의 고향이다. 그러나 신한촌이 형성된 지 100여 년, 그리고 중앙아시아로 흩어진 지 60여 년이 지나도록 기념물 하나 없이 역사의 뒤편으로 잊혀져가고 있어 많은 사람들의 마음을 안타깝게 하였다. 이에 해외한민족연구소에서 적극적으로 주선하여 정유리 러시아고려인연방회장, 이웨체스라브 블라디보스토크 회장의 노력과 중앙아시아 전 고려인의 정성이 모아지고 러시아 당국의 협조에 힘입어, 한국의 전국경제인연합회에서 협찬하고 (주)백미산업 이인기 사장이 건립비를 부담하여 이 탑을 세우게 되었다.

1999년 8월 15일

한국 사단법인 해외한민족연구소

이사장 손세일, 소장 이윤기

임원 김낙준, 김도현, 김성규, 김인기, 김종구, 김호진, 김희영, 박관용, 박정수, 심영수, 이만일, 이만우, 이수종, 이우석, 이인기, 이종진, 조규대, 조동춘, 조의방, 조형래

지형을 교묘하게 이용한 입체도시

블라디보스토크는 제정 러시아가 극동의 유일한 부동항을 동방 진출의 교두보인 태평양 함대의 군사기지로 개발한 군항도시이며, 아시아 유일의 아름답고 화려한 천연의 양항이다. 시역 전체는 방정맞게 울퉁불퉁한 저기복 산지로, 이러한 도시의 구조상 지형을 교묘하게 이용한 입체도시이다. 금각만을 가로지르는 아름다운 블라디보스토크 대교(владивосток моста)와 빈틈없는 접안시설, 지형을 교묘하게 이용한 고층건물 사이를 갈지자로 개발한 도로며 육교와 계단으로 이어지는 도시계획은 19세기 후반부터 20세기 초에 걸친 러시아 도시계획의 수준 높은 기술의 산물이다.

금각만에서 외항으로 나가는 길목에 건설된 블라디보스토크 대교는 문자 그대로 유선형으로 선박의 출입에 지장을 주지 않으며 블라디보스토크 시의 지형을 고려한 입체성이 돋보인다. 교탑을 중심으로 한 교판의 곡선미와 여덟 가닥의 강철 동아줄이 상판과 교탑에 연결된 조형미가 아름다움을 더해준다.

블라디보스토크 대교 아래의 금각만은 전체가 접안시설이다. 수많은 접안시설과 선박의 계류에도 불구하고 금각만은 깨끗하다. 하수처리는 어떤 방법으로 설계하였는지 또 어디에서 바다로 버려지는지, 인구 65만 내외의 도시가 오염되지 않은 비결은 무엇인지 등 블라디보스토크는 많은 나라가 본받아야 할 도시계획의 모범이다. 겨울에 결빙하지 않지만 외항은 얼어붙으며 때로는 쇄빙선의 도움이 필요하다.

블라디보스토크 일대는 플라이스토세 말에 세계적으로 닥쳐온 이상저온 현상의 여파로 빙하의 말단에서 이루어진 침식작용을 받은 암석혹 지형과 후빙기의 온난화

블라디보스토크 해안 전경. 지난날의 빙식곡은 해면의 상승으로 해만을 이루었고 앙상한 바위로 남겨진 암석혹들은 도시를 입체화하였다.

쇠뿔처럼 생긴 금각만 전경

로 해면이 상승한 침수해안으로, 만입과 이도(離島) 등으로 복잡한 해안선을 이루고 있다. 빙하지형의 전형을 이루는 알프스적 빙하 말단 지형과 빙상(ice sheet)에 의한 빙하의 삭마작용을 받은 지역에 공통적으로 나타나는 소규모의 침식지형인 빙하성 암석혹(glaciated rock knob), 즉 빙하의 유동에 따라 삭마된 돌기와 구거로 이루어진 복잡한 지형이 아닐 수 없다.

대체로 빙하성 암석혹 지형은 금각만을 사이에 두고 남북으로 블라디보스토크 시의 심장부에 해당하는 지역 내에 균등하게 발달하였다. 구글어스의 위성사진을 세밀하게 살펴보면 이들 지형에 접할 수 있다. 빙하작용을 받은 기반암은 대부분 상류 쪽이 절단되거나 삭마되며, 하류 쪽은 뜯겨나가거나 험상궂게 패어 있다. 블라디보스토크는 이와 같은 비대칭적인 언덕군이 빙하작용을 받은 전형적인 지형으로, 깎이고 잘려나간 빙하의 하류 쪽 급사면을 훌륭하게 토지 이용한 좋은 사례이기도 하다.

시베리아 횡단열차의 시발역이자 종착역

블라디보스토크는 모스크바–블라디보스토크 간 9,288km를 운행하는 시베리아 횡단열차의 시발역이자 종착역이다. 블라디보스토크에서 모스크바까지 6박 7일간 쉬지 않고 달려야 도달할 수 있는, 유라시아 대륙을 연결한 시베리아 대륙횡단철도는 1891년부터 1916년까지 25년간에 걸친 대역사(大役事) 끝에 완공되었다.

블라디보스토크 역 구내는 육교와 계단을 통해 제한 없이 진입할 수 있으며, 여기에 여러 가지 기념물과 대륙횡단철도의 건설사적 유물들을 설명문과 함께 전시하고

블라디보스토크 역사(驛舍)

블라디보스토크 역사 하부의 플랫폼. 누구든지 자유롭게 출입할 수 있는 승강장의 일부로 기념비와 함께 전시물들이 있다.

있다. 역사(驛舍) 앞의 주된 도로는 교통량도 많으며 매우 혼잡하다. 블라디보스토크 시의 특징이 신호등이 거의 없다는 점인데, 주행의 우선권을 존중하여 진입하는 차량들이 규칙을 엄격하게 지켜 교통 혼잡이나 사고는 별로 없다. 역사 뒤로 블라디보스토크 대교의 중심교탑과 강철로 만들어진 동아줄이 아름답게 보인다.

제2차 세계대전 기간 중 맹활약하고 퇴역한 증기기관차 3306호

블라디보스토크 역 구내에서의 기념촬영. 우연한 기회에 러시아 해군 병사들과 사진 한 장 찍기를 청하니 쾌히 승낙하여 개방된 러시아의 현실이 정겨웠다. 이곳에서 도심지와 중심상가(CBD) 등 도시경관 동서남북을 조망해보았다.

사진으로 살펴본 블라디보스토크

도시는 물론 시골의 작은 마을에서도 레닌(ЛЕНИН)의 동상과 조형물을 볼 수 있다. 그러나 독재자 스탈린의 잔영은 보이지 않는다. 아침 먹고 출근한 아버지와 사랑하는 형제가 이슬처럼 사라진 스탈린 공포정치의 앙금인 듯하다.

블라디보스토크에서 태어난 미국의 영화배우 율

브리너(Yul Brynner: Юлий Борисович Бринер, 1920~1985)가 태어난 아파트 현관 벽면에 두상이 동판으로 양각되어 있고, 그 앞에는 고유한 의상 차림의 화강암 석상이 세워져 있다.

교외의 한적한 곳을 차지한 컨테이너 박스 같은 차고는 도난 방지에 효과적일 뿐만 아니라 노상주차로 인한 시비의 근절책으로도 훌륭하다. 차고 뒷골목에 설치된 각뿔 망 재활용품 쓰레기 수거함도 도시 미화에 도움을 주고 있다.

전차와 택시의 접촉사고

우리나라 서울과 부산의 궤도전차는 교통 장애의 주범이 되어 1960년대 말 그 자취를 감추었다. 그러나 동부 시베리아에서 답사한 도시 블라디보스토크, 하바롭스크(Хаба́ровск), 이르쿠츠크(иркутск), 울란우데(улан-уде) 등에서는 궤도전차가 서민의 교통수단으로 사랑을 받고 있었다.

러시아는 어디를 가나 그리스정교회(동방정교회)의 교세가 우리나라의 기독교처럼 우세하며, 좋은 자리에 아름답고 화려하게 건축되어 있다. 암울하였던 스탈린 독재 시대에도 교세는 그대로 유지되었던 것으로 보인다. 아름다운 미색 타일로 외벽을 장식한 중후한 고층의 시 청사와 그 뒤에 아담하게 지어진 시장 관저인 듯한 건물이 조화를 이룬다.

열차는 아무르스카야만을 왼쪽에 두고 하바롭스크를 향해 힘차게 북상하기 시작하였다. 차창 밖으로 플라이스토세에 두터운 빙상에 짓눌려 압력을 받은 삭마지형과 퇴적지형, 안가라(뷔름) 후빙기의 융설수(融雪水)가 만들어놓은 저습지와 빙력토 평원이 보였다.
도심지의 하나인 브타라야 레츄카(вторая речка)와 우그라보이(угловой)만을 지나고 블라디보스토크 북방 40km의 투루다보예(трудовое)를 지나 라즈달리노예(раздольное)에 도착하니 라즈달리나야(раздольная)의 늪지대와 우각호로 채워진 넓은 범람원이 펼쳐져 있었다.
오전 11시 5분에 블라디보스토크에서 120여km 떨어진 우수리스크(уссурийск)에 도착하였다. 일제 강점기에 우리나라 독립군들의 활동무대였던 우수리스크는 나라 잃은 백성이 울분을 삭이던 도시로서 매우 감회가 깊었다. 10분 정차 후 발차하자 넓은 한카-우수리(ханка-уссури) 평원이 펼쳐졌다. 두텁고 무거운 빙상에 덮였던 산지들은 산정이 삭마되어 부드럽고 넓은 평원이 되었다.
아브라모브카(Абрамобка) 하천의 극심한 자유사행과 배후습지를 뒤로하고 북상을 계속하였다. 주목할 것은 두비닌스키(дубининский) 역을 지나면서 카르스트 현상이 나타난 점이 다. 두비닌스키 16km 지점의 아죠르나야 파지(озерная падь) 역 근처에서 일단의 와지를 발견하였다. 열차는 계속하여 달리므로 아쉬움을 남긴 채 후일을 기약하였다.

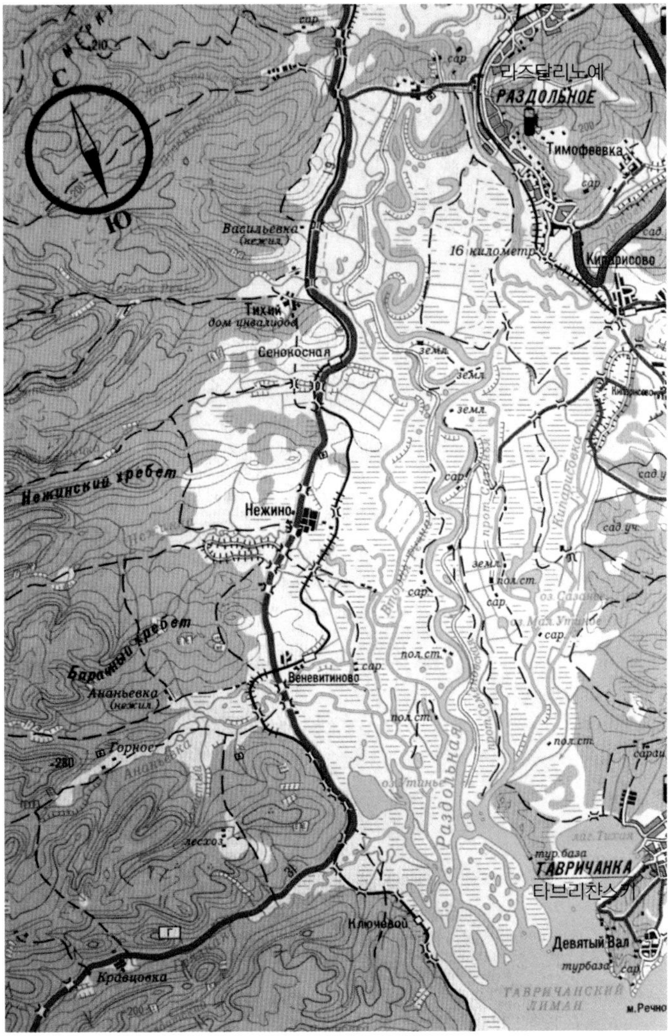

라즈달리노예 부근 일대의 지형. 라즈달리나야 하천은 인간의 통제권 밖에서 10km 폭과 25km 길이의 범람원을 자유롭게 흐르는 하천으로 범람원 전체가 우각호와 샛강 그리고 늪지대를 이룬다. 4km의 넓이를 가진 타브리챤스키 대하구(тавричанский лиман)를 이루어 아무르스카야만으로 유입한다.

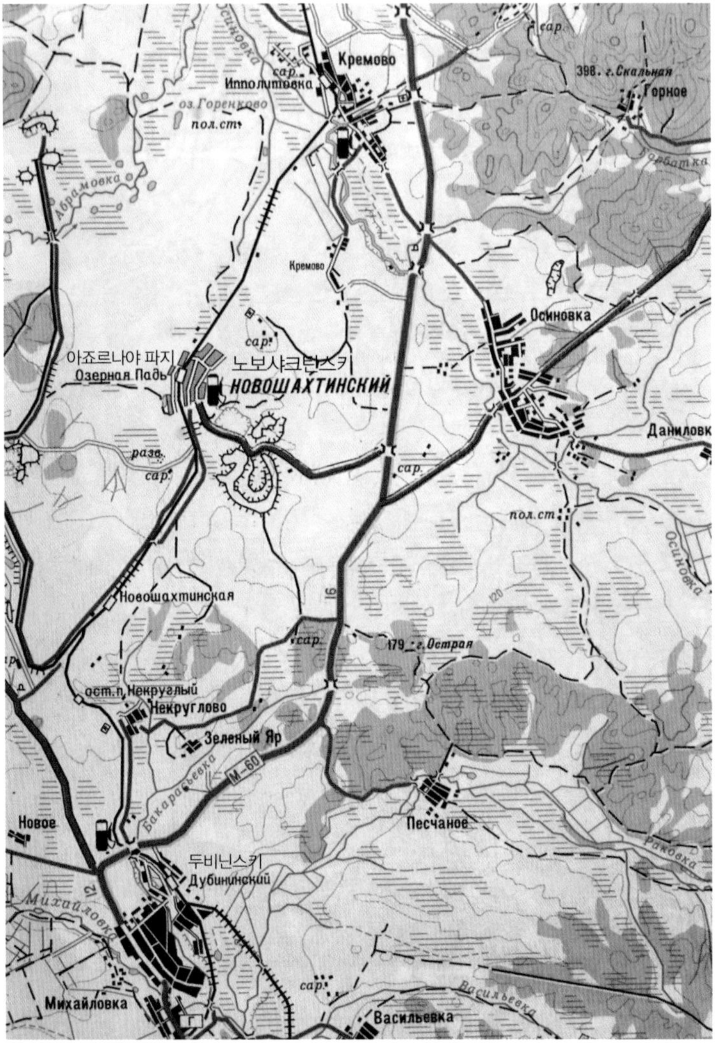

한카-우수리 평원. 두비닌스키에서 아죠르나야 파지에 이르는 광대한 평원이다.

지평선이 보이는 한카-우수리 평원. 사람들은 자연재해를 피하여 이용가능한 곳만 선택하여 경지나 초지로 활용할 뿐 대부분의 산과 들은 자연 상태 그대로 방치되어 있었다.

철교를 지나면서 찍은 우수리강. 평원을 아무런 제한 없이 침식하고 퇴적하며 자연스럽게 흘러 하바롭스크에서 아무르강과 합류하는 우수리강은 넓은 강폭에 유량도 풍부하였다.

어느덧 열차는 시빌쵸바(сибирцево) 역을 지나 체르니고브카(церниговка) 역에 도착하였다. 철로의 왼편으로 전개되는 지평선이 보이는 광대한 벌판, 이리스타야(илистая) 하천의 자유사행과 완만한 흐름, 배후습지를 바라보며 북상은 계속되었다.

일행은 식당차로 가기로 하였다. 1925년생 소띠, 지칠 줄 모르는 이정면 교수가 필자의 얼굴을 힐끔 쳐다보며 일어서란다. 이후 우리는 차내 식당에서 오찬을 즐기면서 스파스크 다리니(спасск дальний) 역을 지나 길라브스키(кировский)를 목전에 두고 있었다. 점심 식단은 러시아식 전통요리에 샐러드, 그리고 맥주 한잔을 기울이는 낭만도 있었으나 웃지 못할 에피소드도 있었다.

차내 식당에서 느긋한 차내 관찰을 즐기는 동안 이정면 교수가 핸드폰과 카메라를 좌석에 놓고 왔단다. 걱정은 되었지만 객차 10량 가까이 통과하였으니 어찌할 도리가 없었다. 다행히 열차승무원이 보관하였다가 넘겨주니 그 고마움을 간단한 선물로 대신하였다. 인상 좋고 친절한 중량급의 열차승무원은 정거한 역의 이름과 그다음에 정거할 역의 이름을 정확하게 발음해달라고 귀찮을 정도로 요구하는 승객을 마다하지 않고 미소를 지으며 응해주었다.

어느덧 큰 강의 육중한 철교를 지나더니 레소자바드스크(лесозаводск) 시에 도착하였다. 이곳이 블라디보스토크와 하바롭스크의 대략 중간 지점에 해당할 것이라고 생각하면서 무수한 우각호와 늪지대를 만들어놓은 우수리(Уссури)강의 실체를 확인하였다. 열차는 다리네레첸스크(дальнереценск)에서 다시 우수리강을 건너 늪지대에 흙을 쌓아 만든 성토지(盛土地)를 계속하여 달린다. 어느덧 비킨(Бикин)강의 강안도시에 도착하니 날은 저물고 차창 관찰 결과를 정리할 시간이 되었다.

이제 프리모르스키(приморский) 지방을 벗어나 아무르스카야(Амурская) 지방으로 진입하였다. 블라디보스토크를 아침 11시에 떠난 느림보 열차가 583km를 12시간 동안이나 달려온 셈이다. 아무르스카야 지방으로 진입하면서 비교적 산지들이 많다는 게 느껴졌다. 산기슭과 곡지를 누비며 뱌젬스키(бяземский) 시를 지나 비리나(верино)를 거쳐 밤 11시 하바롭스크 역에 도착하였다.

Tip 1

빙하시대란 무엇인가?

빙하시대란 플라이스토세(홍적세)에 지구상에 나타난 이상 저온 현상이며, 바다에서 증발된 물이 순환체계를 이탈하여 고위도 지방에 빙설로 폐쇄되어 상대적으로 해수준면이 낮아지는 기후사변(climatic accident)을 빙하시대라고 규정하였다.

빙하시대에 얼음과 눈에 덮여 있던 산지나 고원 또는 골짜기가 빙하의 흐름이나 육중한 빙설의 압력으로 짓눌려 뭉개지거나 깎인 것, 산꼭대기가 평탄하게 다림질된 것, 빙하의 침식에 저항한 날카로운 봉우리 등 여러 가지 형태의 빙하지형이 형성되었다. 그뿐만 아니라 빙하가 침식한 암설(巖屑)과 돌무더기를 빙하가 녹으면서 여러 가지 모양으로 퇴적한 언덕과 빙력토(氷礫土) 평원상의 미지형(微地形), 즉 빙하가 녹으면서 퇴적한 불규칙한 작은 언덕(kame)이나 혹과 같은 언덕(knob) 등을 총칭하여 빙하지형이라고 한다.

1. 빙관빙하(ice cap glacier)

빙하시대에 엄청난 양의 빙설이 저위도 지방에서는 고산지대에 얼음 모자를 쓴 것처럼 덮고 있었는데 이것을 빙관(빙모)빙하라고 한다. 빙하가 녹는 부분은 설선이라 규정하며 소규모의 빙하 침식지형으로 마제형(馬蹄形) 권곡(圈谷, kar)이 생겼다.

이와 같은 마제형 권곡이 산체 주변을 침식하면 날카로운 첨봉(尖峯)이 남는데 이것이 바로 빙식으로 생긴 호른(horn)이다. 이러한 지형을 총칭하여 빙관빙하지형이라 하고 빙하의 후퇴에 따라 여러 가지 모양의 빙하 퇴적지형을 남기게 된다.

중국 타클라마칸(Taklamakan) 사막의 남쪽에는 북위 36도선 안팎으로 쿤룬(崑崙)산맥이란 거대 산맥이 있는데, 필자는 1989년 이곳을 답사하고 다음과 같은 지형을 관찰하여 지형학적 특징을 기록하였고, 뒤이어 톈산(天山)산맥과 알타이(Altai)산맥을 답사하여 다양한 빙하지형을 기재하였다.

미국 워싱턴 주에 있는 레이니어(Rainier)산(4,392)의 꼭대기는 얼음으로 덮여 있는데 마치 얼음 모자를 쓴 것 같다고 하여 이와 같은 빙하지형을 빙관(ice cap)빙하라고 규정하였다.

중국 타클라마칸 사막 북쪽 변두리를 동서로 달리는 텐산산맥에 발달한 권곡(kar)은 외관상으로 둥근 말발굽과 같은 모양이라고 해서 빙하지형에서는 마제형(馬蹄形) 권곡이라는 이름을 붙였다.

쿤룬(崑崙) 빙하. 티베트고원에서 촬영한 쿤룬 산마루에 발달한 빙관빙하지형이다. 촬영 지점의 고도가 4,500m 내외이므로 산릉의 고도는 5,500m 이상이 된다.

톈산산맥에 발달한 빙관빙하. 톈산산맥은 북위 40~50도에 동서로 가로놓인 세계적인 큰 산맥으로 여러 가지 모양의 빙하지형들이 화려하게 발달하였다. 소형 여객기를 타면 현장을 답사하는 것 같은 기분을 낼 수 있다.

우다(удa)강 연안 부랴트 전통마을 방문길에 관찰된 드럼린과 에스카. 넓은 빙력토 평원상에 언덕과 넓은 골짜기가 교대로 빙하의 유동 방향으로 퇴적되어 있다.

2. 곡빙하(valley glacier)

빙하지형이 발달한 곳에서는 엄청난 양의 빙설이 마치 강물처럼 골짜기를 흐르는데, 이것을 곡빙하라고 하며 그 경관이 아름답다. 골짜기의 양쪽 산지에서 흘러내린 암설은 흰 빙하 위에 검은 선으로 흐르는데, 때에 따라 두 개의 빙하가 합류하면 합류된 중앙부에 검은 암설의 굵은 선 두 줄을 그으며 흐르게 된다.

이와 같이 풍화된 암설이 빙하 가장자리를 선상으로 흐르는 것을 측퇴석(側堆石)이라 하고, 합류된 빙하의 중앙을 흐르는 검은 선의 퇴석을 중앙퇴석이라 한다. 빙하가 녹는 말단부에서는 단퇴석(端堆石)의 언덕을 만드는데 그 모양에 따라 여러 가지로 분류된다. 드럼린(drumlin)은 돼지의 둥근 등처럼 빙하의 유동 방향으로 둥글고 갸름하게 퇴적한 빙퇴석 언덕을 가리키며, 에스카(esker)는 좁고 길게 뻗은 가냘픈 빙퇴석 언덕에 붙여진 이름으로 빙하가 소실된 곳에 남겨진

중국 타클라마칸 사막 남쪽에 동서로 가로놓인 쿤룬산맥 북쪽 기슭에 발달한 곡빙하와 빙력토 평원(상). 넘치는 빙하성 포상홍수로 운반 물질이 도로를 덮치는 것을 막기 위해 노견에 제지(制止) 둑을 설치하여 노면을 보호하고 있다(하).

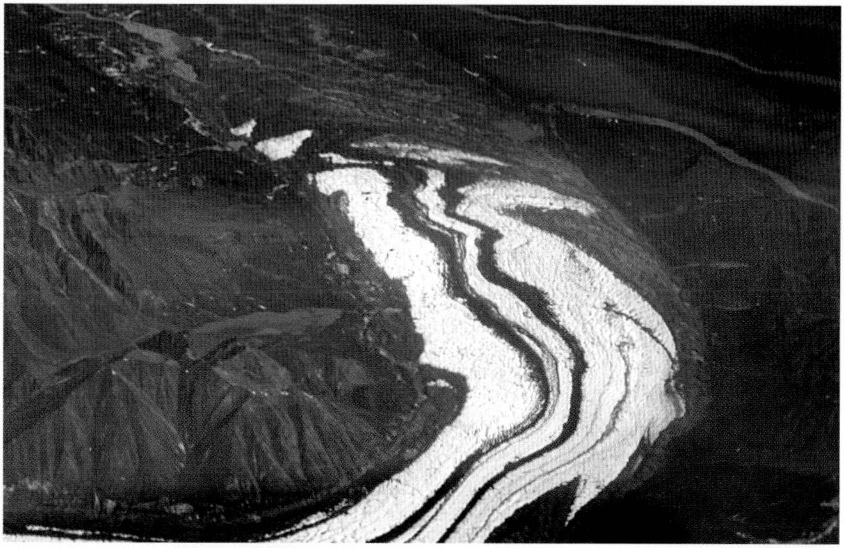

알래스카의 맬러스피나(Malaspina) 곡빙하. KAL기 기장의 호의로 조종실에서 촬영한 것이다. 은빛 찬란한 곡빙하 측면에는 측퇴석(lateral moraine)이, 중앙부에는 중앙퇴석(central moraine)이 두 줄로 검은 선을 그으며 빙하 말단부를 향해 하루에 몇 cm씩 흐르고 있다(상).
톈산산맥에 발달한 불규칙한 곡빙하. 이 골짜기 저 골짜기에서 흘러내린 연결성이 없는 불규칙한 퇴석과 즐상 능선 및 절단산각의 복잡 다양한 모습을 보여준다(하).

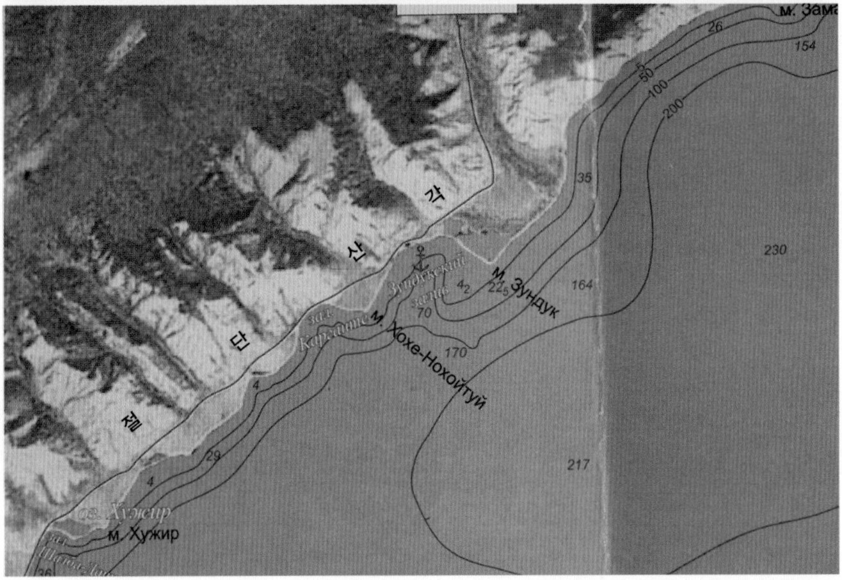

쿤룬산맥의 즐상 능선(comb ridge). 일정한 방향으로 빙하의 침식에 의한 골짜기와 날카로운 검능(knife ridge)*을 만들었다(상).
후쥐르 마을 건너편의 절단산각은 위성사진 지도에서도 명확하게 관찰되며, 주의 깊게 관찰하면 수준을 달리하는 몇 개의 연속된 절단산각이 확인된다(하).

것이다. 모두 일찍이 유럽에서 연구되고 붙여진 이름들이다.

한편 곡빙하 말단부에서는 계곡에서 넓은 벌판으로 나오면서 부채꼴처럼 운반 물질을 확산시키며 빙하성 선상지를 만든다. 여러 개의 골짜기에서 흘러내린 암설들이 합쳐져서 빙력토 평원을 만들기도 하는데, 이것을 워시플레인(wash plain)이라고 한다. 이밖에도 빙력토 평원 위에 빙하가 녹으면서 남겨놓은 작은 혹 같은 언덕에는 눈물방울과 같은 인상을 주는 케임(kame) 또는 노브(knob)란 이름이 붙여지기도 한다.

곡빙하가 흐르는 측벽의 산지들은 빙하의 규모에 따른 침식의 차이로 가지 빙하의 말단은 깎여서 현애(hanging wall)**를 나타내기도 하며, 산등성이는 빙하의 침식으로 머리빗의 빗살이 일정한 방향과 간격을 유지하듯 꼭 같은 유형의 산릉을 발달시키기도 한다. 이런 모양의 산등성이를 즐상 산릉(櫛狀山陵)이라 부르며 거대한 곡빙하가 유동하는 측벽의 산줄기들을 잘라내 절단산각(切斷山脚, truncated spurs)을 만들기도 하는데, 올혼섬(Olkhon, ольхон) 후쥐르 마을의 바이칼(вайкар)호 호협(湖峽) 건너편의 절단산각이 가장 아름답고 표준이 될 만하다.

3. 빙상빙하(ice sheet glacier)

빙상빙하는 넓은 지역 또는 대륙적 범위의 광대한 지역을 온통 눈과 얼음으로 덮은 대규모적 빙상의 발달을 의미하며, 그린란드(Greenland) 대빙상과 남극대륙을 덮은 대빙상이 여기에 해당된다. 물론 안가라 순상지(楯狀地)나 캐나다 순상지도 여기에 해당된다.

빙상빙하는 모든 땅덩어리를 빙설이 뒤덮은 상태라 아기자기한 빙하지형은 나타나지 않지만, 바이칼호 호안의 고산준령인 북동부의 바르구진(Баргузин)산맥 중에는 마제형 권곡이 만든 빙식첨봉 바라그한-우우라(Барагхан-Уула)가 마터호른(Matterhorn) 첨봉과 비교된다.

한편 바르구진산맥의 서사면에는 빙하의 침식지형을 상징하는 마제형 권곡(카르)이 무수히 발달

---

* 검능(knife ridge): 빙식작용으로 생긴 칼날 같은 능선을 이른다. 통상 능선상에 발달한 마제형 권곡의 후퇴로 생기거나 빙하로 덮인 능선은 빙하의 침식으로 예리한 칼날처럼 빙식되며, 톱날 같은 거치(鋸齒)상 또는 빗살 같은 즐상(櫛狀) 능선을 이루는 것이 보통이다.

** 하천에 주류와 지류가 있듯이 빙하에도 주 빙하와 가지 빙하가 있다. 주 빙하의 침식력은 가지 빙하에 비해 강력하므로 가지 빙하의 말단, 즉 빙하의 합류점은 통상 절벽보다도 더 큰 주 빙하의 굴식(掘蝕, plucking) 작용에 의한 현애(懸崖)를 이루어 수준을 달리하며, 빙하가 후퇴하면 이곳에 폭포가 생긴다.

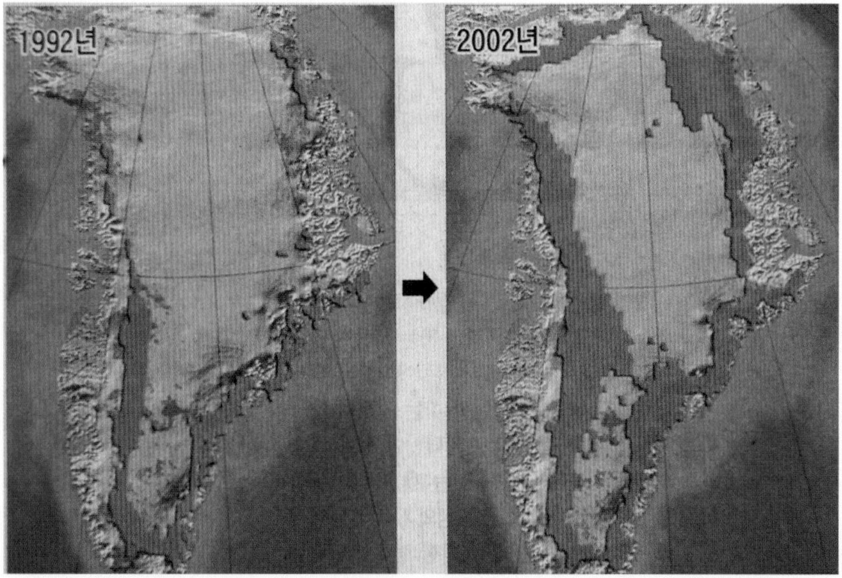

그린란드 대빙상의 1992년 융해 상태와 10년 후인 2002년 융해 범위가 확대된 모습을 비교해보는 신문기사(중앙일보, 2004년 12월 1일, 19면)

하였다. 카르 와지(窪地) 바닥에 발달한 빙식호를 하원(河源)으로 수많은 하천이 발원하는 기이한 현상은 중국의 톈산산맥을 제외하면 아시아에서는 거의 보기 힘든 현상들이었다.

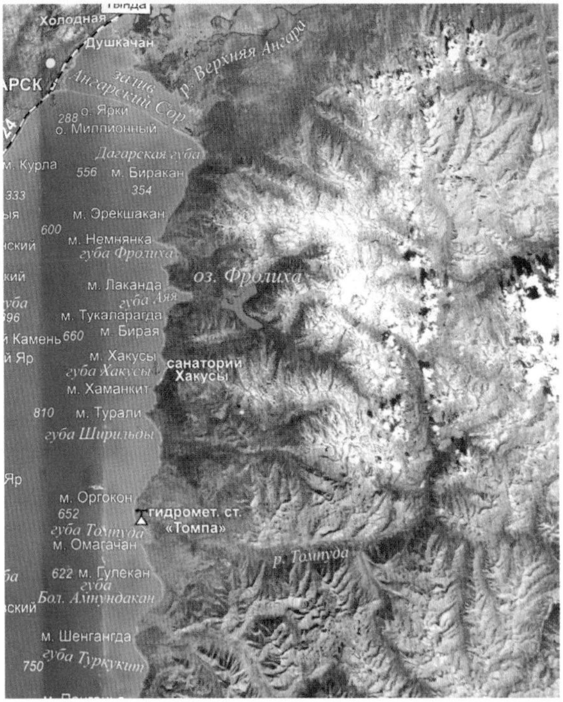

바이칼호 북동부에 자리 잡은 바르구진산맥에 발달한 높이 2,500m 내외의 봉우리들과 동서 사면에 발달한 마제형 권곡. 크고 작은 빙식호에서는 하천들이 발원하고 있다.

02

우수리강과 아무르강의 합류점에 자리 잡은 하바롭스크

하바롭스크 시는 중국의 거대한 싼장 평원(三江平原)과 러시아의 하바롭스크 대평원이 만나는 강안 절벽상의 평탄면에 입지한 도시와 집촌이다. 중국의 푸위안(抚远: фуюань)과 가까운 거리에 있으며, 아무르(Амур)강의 하항(河港)의 소재지이다. 필자는 1995년 1월 중국의 둥베이(東北) 지방을 여행하면서 헤이룽(黑龍)강과 쑹화(松花)강 그리고 우수리강이 만들어놓은 싼장 평원을 답사하였고, 이번 연해주와 동부 시베리아 답사를 통하여 싼장 평원과 연속되는 하바롭스크 대평원을 답사하는 행운을 얻었다.

도시의 첫인상은 깨끗한 강안도시라는 것이었다. 시가지에서는 곡지와 구릉지가 번갈아 나타났다. 플라이스토세에 대지를 덮고 있던 두터운 빙상이 갑작스럽게 찾아온 아무르(뷔름) 간빙기에 녹아 곡빙하로 변하며 대지와 곡지를 침식하여 강안 절벽과 빙하의 유동 방향으로 파랑상(波浪狀)의 곡지와 구릉지를 만들어놓은 것이다.

하바롭스크 시 공원묘원에서 나오면서 아무르 대교 쪽으로 북상하며 시작되는 구릉열과 곡지열. 많은 차량들이 마치 파도타기를 하듯 골짜기와 산등성이를 오르내리며 주행하고 있다(좌).
하바롭스크 시내의 조용한 식당가 근처에 펼쳐지는 곡지열과 구릉열. 숲속의 고층건물과 어우러져 다소 혼잡한 느낌을 주기는 하나 질서가 정연하다(우).

빙상이 녹으면서 곡빙하로 변하며 침식한 지역의 지형적 특징은, 빙하가 흘러간 방향으로 부드러운 U자형 골짜기와 두루뭉술한 코끼리의 등처럼 분수령이 명확하지 않은 언덕이 잔잔한 너울이 밀려오듯 형성된다는 것이다. 이런 지역을 가로지르는 여행자는 마치 파도타기를 하듯 한참 동안 내려가다가 언제부터인지 확인할 겨를도 없이 부드러운 오르막길을 올라가는 경험을 하게 된다. 이르쿠츠크 시에서 바이칼호로 가는 구간에도 이와 같은 곡지열과 구릉열을 가로지르는 경우가 많다.

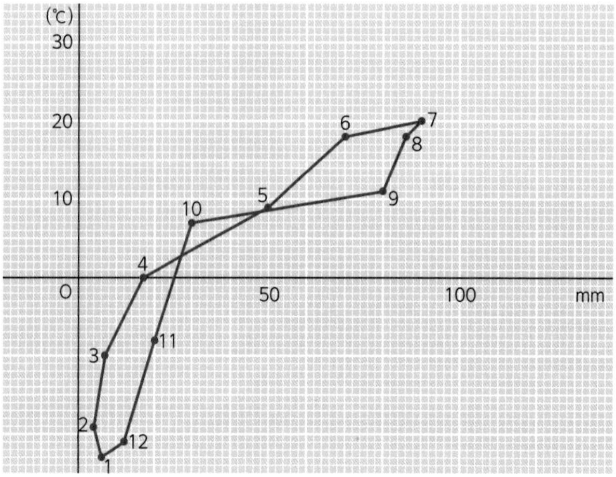

하바롭스크 시의 기후표(climograph)

* 출처: 주간 아사히(朝日) 백과 세계지리 69와 1985년판 러시아 연방공화국 동부 시베리아 극동편의 봉곡선(棒曲線)도를 판독한 수치로 필자가 작성.

하바롭스크는 1년 중 가장 추운 달인 1월의 평균기온은 −23℃의 혹한이며 가장 더운 달인 7월의 평균기온은 19℃로 쾨펜의 기후구분상 하계냉량 기후에 속한다. 기후표를 보는 방법은 블라디보스토크의 설명(15쪽)을 참조하기 바란다. 이르쿠츠크 시와 하바롭스크 시는 위도상 4도 이상의 차이가 나는데도 하바롭스크 시가 이르쿠츠크 시보다 최한월인 1월 평균기온이 낮은 것은 납득하기 어렵지만, 통계의 작성 연대가 10여 년간 차이가 있어 최근의 지구적 온난화가 문제일 수도 있음을 고려하기 바란다.

필자 일행은 방금 신축공사를 끝내고 신장개업한 리비에라(РИВЬЕРА) 호텔의 새로운 객실로 안내되었다. 우수리강과 아무르강의 합류점에 입지한 강안의 빙식대

리비에라 호텔, 그리고 호텔 발코니에서 바라다본 아무르강과 멀리 하바롭스크 시내

지상에 자리 잡고 있는 호텔은 주변 환경과 잘 조화를 이루며 한창 마무리 작업과 함께 조경공사가 진행 중이었다. 중앙 정문으로 들어서니 오른쪽으로 호텔 로비가 있고 휴게실을 비롯한 인터넷 서비스 시설 등이 완벽하게 갖추어져 있었다.

청의 마지막 황제 푸이가 기거하던 브이치하 임시 궁전

푸이(溥儀)는 1945년 8월 일본으로의 도피를 기도하던 중 선양(瀋陽) 비행장에서 소련군에 포로가 되어 측근과 함께 노령(露領) 하바롭스크로 압송되었다. 그러나 스탈린 정부는 청의 마지막 황제였던 그를 예우하여 하바롭스크의 우수리강과 아무르강의 합류점 부근의 브이치하(Бычха)에 임시 궁전을 마련하여 그의 억류 생활을 보살펴주었다.

그러나 푸이는 괴뢰 만주국의 전범자요 일본군의 태평양전쟁 전범자가 되어 1946년 8월 도쿄에서 열리는 연합군 군사법정에 세워졌다. 푸이는 다양한 심문과 증언을 끝내고 소련으로 되돌아가 브이치하 임시 궁전에서 억류생활을 계속했다.

신생 중국이 탄생한 후 푸이는 중국으로 돌아가 인민법정에서 간단한 노역형을 받았다. 푸이는 하얼빈에서 그의 네 번째 여인 리위친(李玉琴)의 도움으로 지난날 잘못을 뉘우치고 열심히 일하며 먹고사는 평범한 시민생활을 했다. 1952년 12월 그는 다른 전쟁 범죄자들과 함께 중국 정부로부터 특별사면을 받게 되며, 사면 5일 후 중국 정부의 호의로 그의 고거 자금성으로 되돌아가 측근과 더불어 라오바이싱(老百姓, 일반 국민)으로 여생을 보냈다.

필자는 운이 좋아 1988년 8월 베이징 톈안먼(天安門) 광장의 역사박물관에서 열린 말대 황제전(末代皇帝展)을 관람하였고, 27년 후인 2014년 9월에는 하바롭스크의 브이치하에서 열린 그의 소련 억류 생활 모습(푸이 황제 궁전)을 관람할 수 있었다.

톈안먼 광장 역사박물관에서 개최되었던 말대 황제전은 제1집에서 제28집까지 유년시절, 소년시절, 청년시절, 노년시절로 나누어 세 번의 황제 등극과 결혼 및 전범으로 선 군사법정, 신생 중국에서의 생활 등 파란만장한 푸이의 일생을 박진감 있게 다루었다.

푸이 황제와 그의 측근들이 생활하던 브이치하 임시 궁전 전경과 푸이 황제가 억류 생활을 하던 임시 궁전 관람안내 포스터

푸이 황제 접견 대기실

푸이 황제가 사용하던 식탁

하바롭스크 향토 박물관

풍성한 자료의 보고 하바롭스크 향토 박물관

하바롭스크 향토 박물관은 하바롭스크 지역의 자연사와 역사에 관한 자료를 주로 전시하고 있다. 아무르강 연안에서 발생한 크고 작은 사건을 비롯하여 이 지방을 점거하고 살던 토착 인종이나 용맹스러운 러시아 사람들이 사나운 호랑이를 사로잡는 광경 등이 벽화로 설명되어 있다.

그뿐만 아니라 다채로운 지방문화와 러시아 노농혁명의 치열함을 그린 전투 장면, 심지어 일본 관동군 사령관의 포로생활 사진을 비롯하여 각종 금속 광물과 화석연료 광물 등 이 지방에서 채집된 모든 지질시대의 화석과 표본 등 풍성한 자료들을 전시하고 있다.

53쪽 아래 오른쪽 벽화에 그려진 청나라와 러시아의 회담은 우리나라와도 매우 관련이 깊은 역사의 한 장면이다. 1860년 베이징 조약에 의하여 우수리강 동쪽의 넓은 땅이 러시아의 영토로 귀속되었다. 이로써 우리 민족이 조상 대대로 농사를 지으며 살아온 녹둔도를 비롯한 에크스페디치(экспедичий)만 남쪽의 넓은 땅이 러시아 영토로 귀속되고 말았다.

담배 피우는 노인. 주름 깊은 얼굴에 색안경을 멋들어지게 쓰고 있다.

이에 놀란 고종 황제는 1883년 1월 서북경략사 어윤중에게 녹둔도는 원래 우리의 땅이니 그곳에 가서 살펴보고 되찾을 방법을 모색하라고 명하였다. 그해 10월 녹둔도 현지답사를 마치고 돌아온 어윤중의 보고서에는 그곳에 사는 사람들은 모두 우리 백성이며 청국 사람이나 아라사 사람은 한 사람도 없었다고 기록되어 있다.

1910년대 일본 사람들에 의해 작성된 조선총독부 발행 1:50,000 지형도를 살펴보면 이곳의 촌락과 산천의 지명은 순수한 우리말 발음으로 일본글 가타가나로 기재되어 있음을 확인할 수 있다. 지도상의 표기는 박석거리, 장고봉, 김부지, 세다리, 형늪, 제늪, 장터, 작개섬, 부득포, 달밧메기, 와룡평, 학수평 등이다.

씨를 뿌리고 있는 부랴트인 농부와 담뱃대를 물고 있는 노파. 귀걸이와 코걸이를 했다.

러시아 장사들이 호랑이를 생포하는 장면을 그린 벽화

내전 시 러시아 국기를 들고 싸우는 황제 지지군인 백군을 그린 벽화(좌)와 내전 시 적기를 들고 싸우는 노동자 농민 중심의 혁명군을 그린 벽화(우)

내전 시 인명을 구하는 적십자 구호소를 그린 벽화(좌)와 청나라와 러시아의 회담 장면을 그린 벽화(우)

하중도와 샛강이 펼쳐지는 아무르강 가 난간 아래의 호젓한 곳은 젊은 연인들의 밀어의 장소인 듯했다. 필자는 부천 시민의 한 사람으로서 하바롭스크 시와 부천시의 자매결연 기념비를 찾아보았다. 도시의 번화가에 자리 잡은 레닌 광장에서는 결혼 예식을 끝낸 신혼부부가 양가의 가족과 친지는 물론 오고 가는 사람들과 심지어 관광객들까지 축복해주기를 바라며 사진을 같이 찍고 환호하며 즐기고 있었다. 할아

2002 년 6 월 24 일

СПЕЦСТРОЙ РОССИИ

2911
ИП Ширалиев В. А.

ОБУВЬ
БЕЛВЕСТ
БАРАНИНА
1714
1713

ИКРА
ИКРА
ИКРА
ИКРА
ЧАВЫЧА
2000
ТЕША
1500
ИКРА
1800
ФОРЕЛЬ
1300

버지 여행자는 얼떨결에 그 신혼부부와 사진을 찍고 마음속 깊이 축하의 인사를 전했다. 또 다른 신랑신부를 가운데 두고 날개를 펼치듯 좌우로 늘어서 환호하고 있는 젊은 남녀들도 보였다.

하바롭스크 시장에 가니 낯선 채소들이 눈에 뜨였다. 통마늘은 흰 것과 자색을 주로 팔고 있으나 우리의 마늘과 큰 차이점은 없는 것 같았다. 육류는 냉동고나 냉장고를 이용하지 않고 좌판 위에 쌓아놓고 판매하는 것으로 보아 육류 소비량이 엄청 많은 것으로 판단되었으며 양적으로도 풍부함을 느낄 수 있었다.

훈제 연어와 훈제 연어 알은 특색 있는 상품으로 매우 정결하며 값도 비싼 편이었다. 그러나 호텔로 사 가지고 와서 먹으려고 식탁에 펼쳐놓으니 물속에서 건진 것처럼 흥건히 젖은 상태여서 먹기가 곤혹스러웠다. 먹는 방법을 모르기 때문이었을 것이다.

반찬가게에 가니 우리와 거의 같은 반찬들이며 낯익은 재료들이 대부분이었다. 특히 주목되는 식재료는 채칼로 썬 당근으로 어느 반찬에나 약방의 감초처럼 푸짐하게 사용되고 있었다. 한편 김치는 하바롭스크 시장에서도 큰 인기상품인 듯했다. 비닐봉지에 담은 김치는 우리나라의 슈퍼마켓이나 재래시장의 상품과 똑같아 친근감이 느껴졌다.

동방정교회 성당. 위는 교육 시설과 수녀원 원로 교역자들의 수양원 등 본당의 부속 건물이고, 아래는 본당으로 황금색 십자가가 돋보인다.

특색 있는 청색 십자가로 종탑을 장식한 오른쪽의 동방정교회 성당은 그 유명한 성모 마리아 승천 기념 교회로 지극히 화려하다. 아래는 화려하게 꾸며진 동방정교회 성당의 내부 제단과 아름다운 꽃으로 장식된 제단과 중앙의 예수 그리스도상이다.

시계 방향으로
하바롭스크 거리의 손톱다듬이와 길 가던 고객,
하바롭스크 시내의 신호등을 따라 건너가는 건널목,
하바롭스크 중심가에 자리 잡은 서점,
하바롭스크 중심지 레닌 광장의 주인공 레닌 동상

Tip 2

유럽과 신대륙에서의 빙기와 간빙기의 구분

	유럽 지역	북미 지역	아시아 지역
1	귄츠(Günz) 빙기	네브래스카(Nebraskan) 빙기	앞으로 빙퇴석의 연구가 이루어지면 모식지를 근거로 빙하시대가 구분될 것임.
2	귄츠-민델 간빙기	아프토니아(Aftonian) 간빙기	
3	민델(Mindel) 빙기	캔자스(Kansan) 빙기	
4	민델-리스 간빙기	야마우스(Yarmouth) 간빙기	
5	리스(Riss) 빙기	일리노이(Illinoian) 빙기	
6	리스-뷔름 간빙기	산가몬(Sangamon) 간빙기	
7	뷔름(Würm) 빙기	위스콘신(Wisconsin) 빙기	
8	뷔름 후빙기(현재)	위스콘신 후빙기(현재)	

이들 빙기 중 최종 빙기인 뷔름(Würm)은 약 7만 년 전에 시작하여 극성을 부리던 약 2만 년 전에는 육지 표면적의 약 30%를 빙하가 덮고 있었으며, 유럽 지역은 영국과 네덜란드를 포함한 독일과 폴란드 알프스 산지 북쪽의 광대한 지역을 빙하가 덮고 있었다. 특히 노르웨이의 피오르가 주목된다.

피오르(fjord, 협만)는 스칸디나비아반도를 덮고 있던 2,000m 두께의 빙상이 녹으면서 비탈을 미끄러져 내려와 계곡을 깊이 파놓은 골짜기에 후빙기 해면이 상승하여 바닷물이 들어와 생긴 좁고 긴 만이다. 노르웨이의 송나피오르덴(Sognafjorden)이 가장 유명하며, 뉴질랜드 남섬, 칠레 남부에 발달이 현저하다.

한편 북미 대륙에서는 미국의 위스콘신주 남부, 뉴욕주, 매사추세츠주와 뉴햄프셔주의 동부, 캐나다의 노바스코샤주 일대 등에 빙하작용을 받은 증거들이 확실하게 남아 있다. 그러나 아시아 지역의 연구는 미진하여 빙기의 구분은 고사하고 빙하지역에 대한 연구도 제대로 이루어지지 않은 상태이다.

필자는 중국의 대싱안링(大興安嶺)산맥과 알타이산맥 지역, 그리고 블라디보스토크, 하바롭스크, 울란우데, 이르쿠츠크 및 바이칼호의 올혼섬 등을 답사하고 이들 지역에 플라이스토세의 최종 빙기에 두터운 빙상에 피복되었던 빙하의 침식지형과 퇴적지형이 발달하였음을 확인하였다.

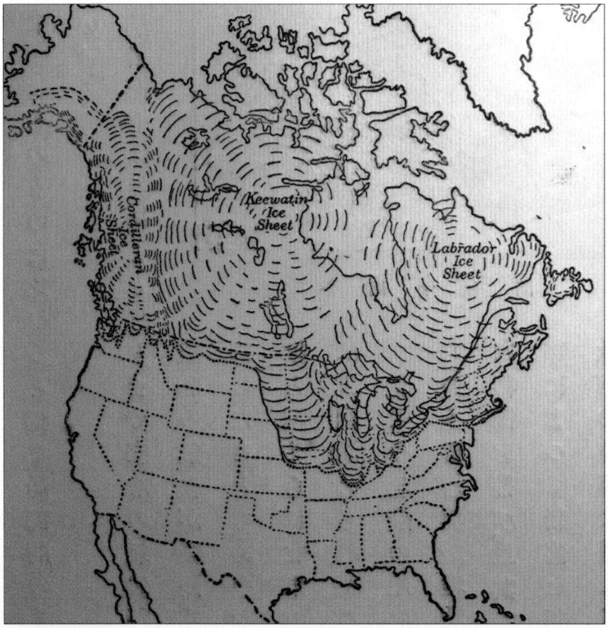

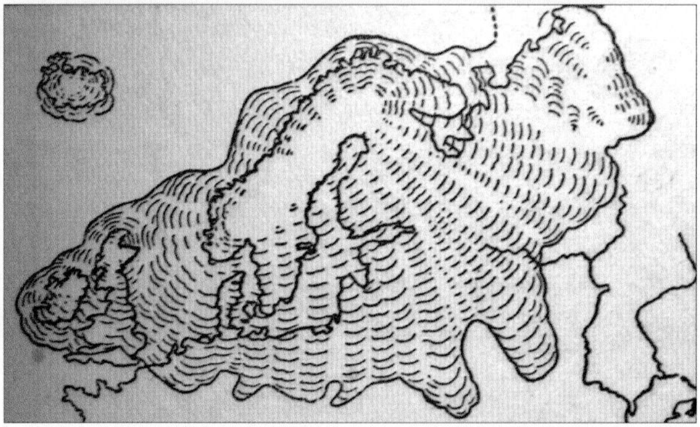

북미 대륙을 덮었던 위스콘신 빙기의 빙상빙하 개념도. 데이비스(W. M. Davis)가 그린 원도이다. 위스콘신 빙기에 북미 대륙은 640만km²란 광대한 지역을 빙상이 덮고 있었으며, 그 중심은 허드슨(Hudson)만 서부의 키웨이틴(Keewatin) 빙상과 래브라도(Labrador) 빙상이었다(상).
유럽 대륙을 덮었던 대륙빙상 개념도. 뷔름 빙기가 극성을 부리던 플라이스토세 말에는 스칸디나비아반도에 중심을 두었던 두터운 빙상빙하는 영국의 전 국토와 알프스 산지 북쪽의 거의 대부분 지역을 덮고 있었다(하).

03

하바롭스크 지방의 지형

연해주의 시호테알린산맥

연해주의 거대 산맥인 시호테알린(Сихотэ-Алинь)산맥은 페트라비리카고(петра великого)만에서 시작하여 연해주 서부의 한카-우수리 하곡과 세계적 대하천인 아무르 하곡에 따른 서부 대평원을 제외한 연해주 동부의 전 지역을 차지하고 있다. 동쪽으로는 동해 북부 수역과 사할린(сахалин)섬 사이의 타타르(татарский) 해협을 끼고 있으며 총길이 1,100여km에 달하는 동부아시아의 큰 산맥 중의 하나이다. 산계에는 무진장한 산림자원을 비롯하여 풍부한 광물자원이 매장되어 있다.

전체적으로 보아 산맥의 아래 절반은 프리모르스키 지방에 속하고 위 절반은 하바롭스크 지방에 속한다. 산맥은 하바롭스크 지방에 이르러 타르도키양기(тардоки-янги: 2,090m)산을 필두로 아무르강 우안의 피크(пик: 1,508m)산, 수그다쿠(сугдаку: 1,119m)산, 샤만(шаман: 1,181m)산, 아무르강 하구 우안의 치림호브스

시호테알린산맥의 등줄은 타타르 해협과 동해 북부 바다 쪽으로 치우치며 하바롭스크 지방의 투무닌(тумнин)강과 프리모르스키 지방의 사마르가(самарга) 하천은 타타르 해협으로 직접 유입된다. 대체로 암석해안이 탁월하며 해안평야의 발달은 미약하다.

코가(Черемхобского: 1,011m)산을 남기고 중·저산성 산지로 변한다.

아무르강 하곡과 지형 변화가 심한 넓은 범람원

아무르강은 몽골의 수도 울란바토르 동쪽의 바얀 울란우르(2,042m)산 북쪽 계곡에서 발원하여 러시아와 몽골 국경을 넘나들며 흐르다가 러시아의 실카(шилка)강으로 흘러 중국의 극북 모허(漠河)에서 헤이룽강(黑龍江)에 합류되어 러중 국경을 흐르는 국제하천이다. 러시아의 하바롭스크 지방에서 타타르 해협으로 유입된다. 아무르강은 중국의 쑹화강(松花江), 러시아의 제야(зея)강 등 1차 지류를 비롯하여

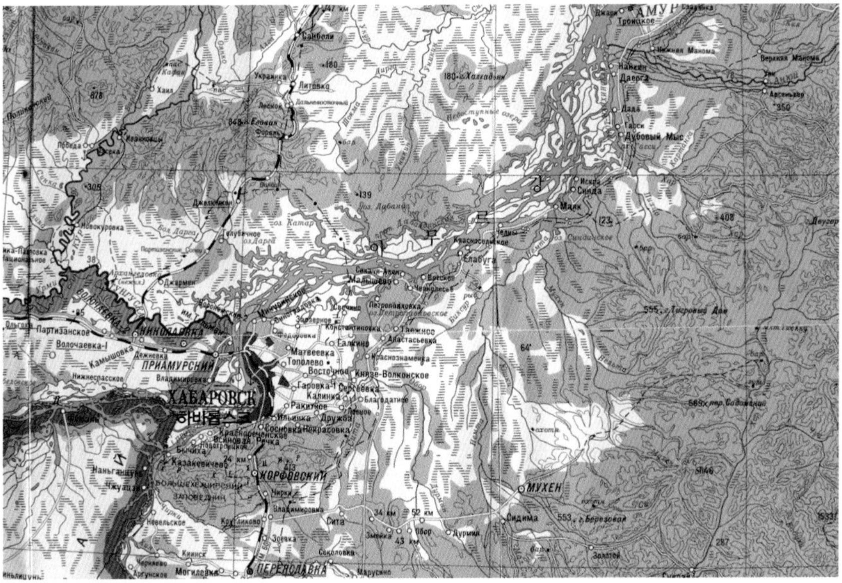

아무르강 하곡과 범람원은 하바롭스크 시를 포함한 광대한 아무르강 하류 대평원 지역을 차지한다. 하천이 범람할 때마다 넓은 범람원상에 수많은 샛강과 하중도 그리고 잔구성 구릉지와 우각호가 생기며 극심한 지형 변화를 일으키는 지역이다.

수많은 2차, 3차 지류와 합류하며 중국의 싼장 평원과 하바롭스크 대평원을 만들었다. 아무르강은 유역에 수많은 하적호(河跡湖)와 저습지를 남기며 니콜라옙스크(николаевск)에서 삼각강(三角江, estuary)으로 변한다.

아무르강 하류 좌우안의 구릉성 산지와 빙식호

거대한 빙상이 시베리아의 대부분 지역을 덮고, 현재의 아무르강과 우수리강이 합류하는 하곡을 따라 이 지역 최대의 저지를 중심축으로 거대한 곡빙하가 유동한 것으로 추리된다. 동시에 빙하의 굴식 작용은 아무르(뷔름) 후빙기에 한층 극성스럽게 작용한 것으로 보인다.

융빙 과정에서 암구니(Амгунь)강의 추쿠차기르스코에(чукчагирское)호, 에바론(эворон)호를 비롯하여 아무르 하곡의 우드이리(удыль)호, 아레리(орель)호, 츠랴(чля)호, 볼키지(Бол кизи)호 등 큰 빙식호와 무수한 작은 빙식호를 만들어놓았다. 그뿐만 아니라 빙하지형의 전형을 이루는 빙상빙하 작용을 받은 지역에 공통적으로 나타나는 빙하성 암석혹이 적잖은 규모의 잔구성 산지와 비슷한 비대칭적인 구릉성 산지를 발달시켰다. 후빙기 초 빙하의 침식지형이 한층 기승을 부렸다는 것을 알 수 있다.

아무르강 하구와 중·저산성 산지는 아레리호와 츠랴호 그리고 오리미프 삼각강을 중심으로 남쪽에는 치림호브스코고(1,011m)산, 삼각강을 건너 634△ 546△ 오렐(1093)산 해안절벽으로 820△ 999△ 971△ 브랑게랴 육계도의 645고지인 해안절벽으로 사할린스키 해협과 알렉산드르만에서 없어진다. 빙하의 영력(營力)이 아니면 생성될 수 없는 지형들이다.

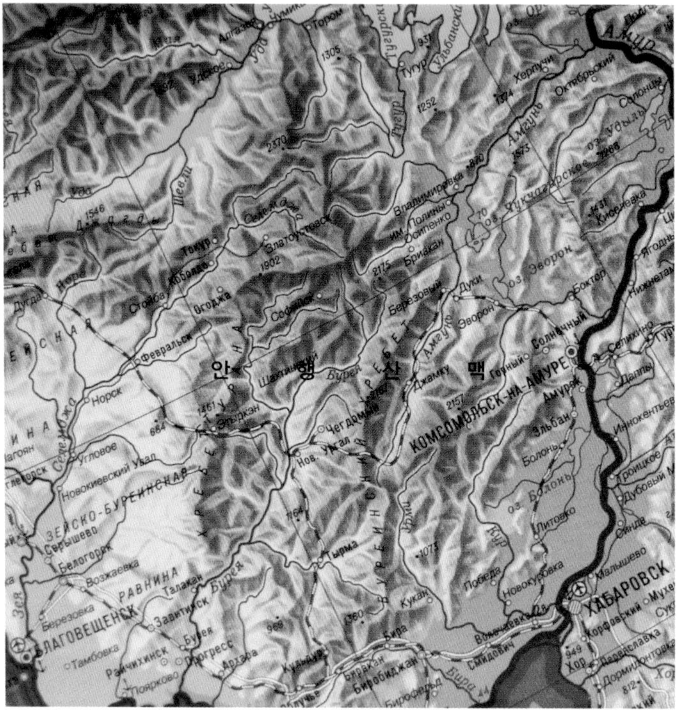

아무르강 북서부의 안행산맥 중 부레인스키산맥은 서쪽에서 동진하며 1,000m 내외에서 2,000m 내외로 점차적으로 높아진다. 바드좌리스키산맥은 2,000m 내외, 쿠르우르미스키산맥은 1,500~2,000m로 점차적으로 높아지며, 쿠칸스키산맥은 1,300m 내외를 유지하고 있다.

부레인스키산맥을 비롯한 북부의 안행산맥

하바롭스크 시 아무르강 북방에는 남서부에서 북동 방향으로 발달한 몇 가닥의 산맥들이 마치 기러기 떼가 날아가듯 규칙성 있게 발달하여 오호츠크 해 쪽으로 달리고 있다. 부레인스키산맥을 시작으로 넓은 U자곡과 산릉을 교대로 발달시킨 안행

(雁行, echelon)산맥이다.

바드좌리스키(Баджальский)산맥, 쿠르우르미스키(кур урмиский)산맥, 쿠칸스키(куканский)산맥 등 무수한 하계망과 U자곡 그리고 빙력토 평원과 빙상빙하가 삭마한 빙하지형들이 한없이 펼쳐지며 어우러진 한 폭의 그림 같은 경관들이 시선을 끌고 있다.

후빙기 해면의 상승과 산타르스키 침수해안

산타르스키(шантарские) 바다는 산타르섬을 필두로 아피크리스토바(офеклисто-

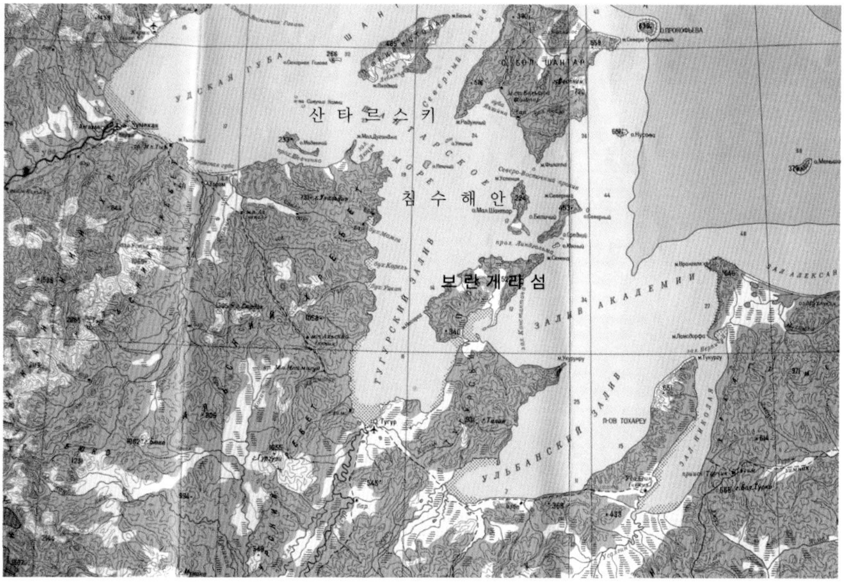

산타르스키 침수해안은 평균수심 20~40m 이내의 얕은 바다로 다도해를 이룬다. 프-오브 육계반도와 브란게라(врангеля)섬은 연안류의 표사 현상으로 육계도화하였고, 니칼라야(николая)만은 피오르를 닮았으나 우사르긴(усалгин) 하천의 운반 물질로 메워져 육지가 되어가고 있다.

ва)섬, 프-오브(п-ов) 육계도를 비롯하여 수많은 크고 작은 섬과 반도, 만입 등 전형적인 침수해안을 이루고 있는데, 이는 안가라(뷔름) 후빙기의 온난화로 인한 해면의 상승으로 생성된 지형들이다.

우드스카야(удская) 작은 만을 비롯하여 투구르스키(тугурский)만, 아카데미(Академий)만 내륙 깊숙이 진입한 우리반스키(ульбанский)만, 피오르 같은 니카라야(николая)만 등, 이들 바다는 평균수심 20~40m 이내로 연안류의 표사(漂沙, drift sand) 현상이 프-오브 섬을 육계도(陸繫島)*화하였다.

하바롭스크 대평원을 이루는 아무르 범람원 답사

호텔에서 임대한 승용차 편으로 아무르강 대교를 건너 지평선이 보이는 범람원 지역을 답사하였다. 끝없이 전개되는 저습지와 샛강, 우각호, 황무지로 연결되는 드넓은 들판, 가끔 나타나는 정리된 경지와 채소밭을 보니 땅이 귀한 우리나라와 비교되어 신기하고 기이했다.

밀림으로 뒤덮여 관찰할 틈이 없는 한 침식잔구(侵蝕殘丘)에 올라 관찰할 수 있는 틈새를 찾았지만 실패하고 아쉬움을 남긴 채 내려왔다. 귀로에 농부가 길가에 갖고 나온 참외와 수박으로 타들어가는 목을 축이고 하바롭스크 시내로 되돌아왔다.

귀로에 하바롭스크 시가 입지한 하안단구면 같은 지형이 관찰되었으나 안가라(뷔

* 육계도(陸繫島: land tied island): 해안 가까이에 있는 섬을 연안사주의 발달과 연안류의 표사 현상으로 육속시켜 반도화된 섬을 일컬으며, 이때 육계사주에는 tombolo라는 특별한 이름이 주어진다. 프-오브 섬은 투구르스키만의 전형적 육계도이다.

지평선이 보이는 아무르 범람원. 드넓은 범람원상의 샛강과 하중도, 하적호 등이 망상 수계를 이루며 산기슭의 빙식호와 연합하여 일대 장관을 이룬다. 높은 곳에서 보았다면 얼마나 놀라운 광경들을 볼 수 있었을까?

름) 빙기가 물러간 역사가 너무나 짧다. 거대한 빙상에 덮였던 지난날의 자연사를 생각해 빙하의 삭마지형으로 결론지을 수밖에 없었다.

넓은 범람원이 경지로 이용되는 경우는 극히 드물었다. 간혹 물판에 심어놓은 양배추 밭을 볼 수 있었다. 자연 상태 그대로 통제 불가능한 자연의 시혜를 기대하는 원시적 약탈농업이 이루어질 뿐이었다(좌).
광대한 아무르강 하곡을 중심으로 한 하바롭스크 대평원은 호텔에서 대여한 승용차로 종일토록 길이 있고 갈 수 있는 곳이면 어디든지 달렸으나 경관상의 변화는 거의 찾아볼 수 없는 황량한 벌판 그 자체였다(우).

아무르강 강안 절벽에 자리 잡은 고급 주택가. 얼른 보기에는 하안단구면 같지만 최종 빙기가 물러간 역사가 너무나 짧아 빙하의 삭마지형으로 관찰되는 것이 가장 합리적이다. 멀리 아무르강의 흘러들어오는 물길을 바라보는 풍수지리적 명당임이 분명하다.

Tip 3

지구의 탄생과 생명체의 출현

지질학에서는 지구상에 생명체가 출현한 것을 기준으로 시생대, 원생대, 고생대, 중생대, 신생대 등 지질계통을 구분하였다. 새로운 생명체가 나타난 신생대는 다시 제3기와 제4기로 구분되며, 제3기의 팔레오세(효신세), 에오세(시신세), 올리고세(점신세)는 고제3기로, 마이오세(중신세), 플라이오세(선신세)는 신제3기로 나누었다.

제4기는 플라이스토세(홍적세)와 홀로세(충적세)로 양분되며, 플라이스토세를 갱신세로 부르기도 한다. 홀로세는 현세 또는 인류시대로 부르기도 한다. 약 200만 년 전으로 거슬러 올라가 플라이스토세에 인류의 공동 조상인 원인 오스트랄로피테쿠스의 화석화된 유골이 아프리카 탄자니아의 올두바이 협곡에서 대량 발굴되었다.

플라이스토세의 중요한 사건은 그뿐만이 아니다. 빙기와 빙기 사이의 온난한 간빙기가 4차에 걸쳐 나타나며, 빙기에는 바다에서 증발한 물이 바다로 돌아가지 못하고 고위도 지방이나 저위도 지방이라 할지라도 고산지대에 폐쇄되어 물의 순환체계를 이탈하며 해면의 하강을 가져왔다. 빙기가 물러가는 온난한 후빙기에는 이 폐쇄되었던 얼음이나 눈이 녹아 다시 바다로 되돌아갔으며 이로 인하여 해면이 올라가는 해수준면의 변화가 있었는데, 이는 매우 중요한 전 지구적 사건으로 지형 변화에 크게 작용한 것으로 기록되어 있다.

플라이스토세의 최종 빙기인 뷔름 빙기가 극성을 부릴 때에는 육지 표면적의 30%를 빙하가 덮고 있었으며, 이로 인하여 해면은 오늘날보다 110m 내외 낮았다는 사실이 알려져 오늘날의 대륙붕(해안선에서 200m까지의 깊이)의 대부분 지역이 육지였다는 사실을 알게 되었다. 우리나라 황해의 최심부가 97m라는 것을 이해한다면, 뷔름 빙기에는 황해란 개념은 없었으며 우리나라 영역은 훨씬 넓었고 제주도를 포함한 동남아시아 지역과 육속되었다는 사실을 이해하는 데 큰 어려움은 없을 것이다.

한편 뷔름 빙기는 너무나 극적으로 물러갔고 그 시기는 지금으로부터 약 1만 년 전으로 추정된다. 현재의 해면이 고정된 것은 약 6,500년 전이며 빙기의 후퇴와 해면의 상승은 거의 3,500년간 지속되었고 오늘날의 빙하는 전 육지 표면적의 10%로 줄어들었다.

19세기 말 영국에서 시작된 산업혁명은 오늘날 전 지구적으로 확산되었고 석유나 석탄과 같은 화석연료의 지나친 사용은 대기를 오염시켜 20세기 후반부터 빙하가 녹기 시작하였다. 현재는

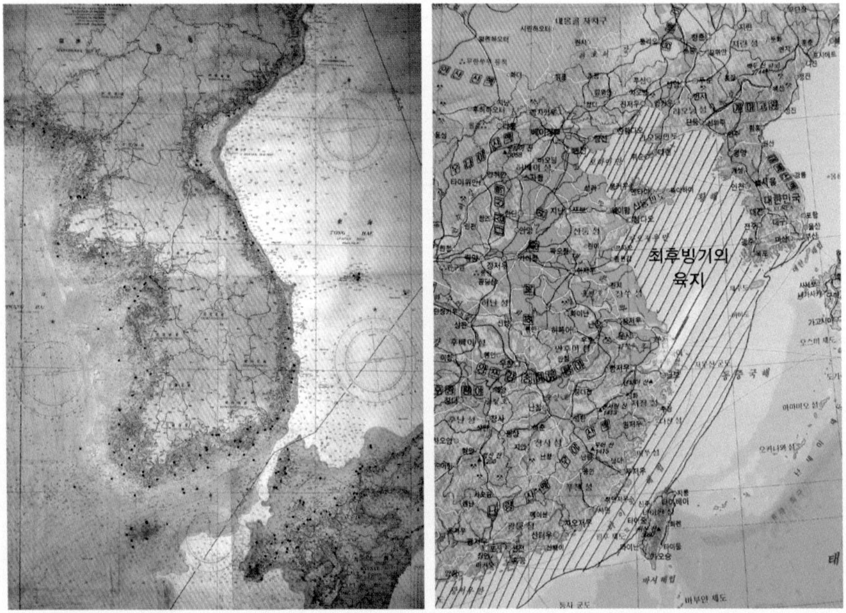

황해의 해도와 수심 분석. 뷔름 빙기 말인 약 1만 년 전에는 우리나라가 타이완, 인도차이나반도를 비롯하여 말레이반도 지역까지 육속(陸續)되어 있었다는 사실은 대륙붕의 수심 분석을 통해 명백한 사실로 확인되었다. 이로 인하여 한민족은 남방계와 북방계의 둘로 나누어진다.

20세기 중엽에 남은 10%의 빙상빙하의 거의 3분의 1이 녹는 이변이 나타났다(지축의 변화에서 오는 자연현상으로 지질시대를 통하여 여러 번 빙기와 간빙기가 있었으며, 기온의 오르내림은 자연스러운 지구적 현상일 뿐 산업혁명과는 상관없다고 주장하는 이론도 만만치 않음을 부언하여 둔다).

이로 인하여 해면은 상승되며 저위면에 자리 잡은 일부 섬나라(피지와 같은)는 없어질 위기에 직면해 있다. 1995년 빙하지형을 연구하기 위해 스위스의 베르비에(verbier) 몬 포트의 스키장을 케이블카로 통과한 적이 있다. 3년 뒤 다시 찾았을 때 스키장은 이미 소실되었음을 확인하였다.

지질시대 구분표

선캄브리아 시대 (Precambrian time)	시생대(Archaean era)	
	원생대(Proterozoic era) (протерозойская группа, 프라테라조이스카야 구룹파)	
고생대 (Paleozoic era) (палеозоиская группа, 파레아조이스카야 구룹파)	캄브리아기(Cambrian period) (кембрийский период, 켐브리스키 페리오드)	
	오르도비스기(Ordovician period) (ордовиский период, 아르다비스키 페리오드)	
	실루리아기(Silurian period) (силурийский период, 시루리스키 페리오드)	
	데본기(Devonian period) (девонская период, 디본스카야 페리오드)	
	석탄기(Carboniferous period) (Каменноугольный период, 카미나우가르느이 페리오드)	
	페름기(Permian period) (пермьская период, 페르미스카야 페리오드)	
중생대 (Mesozoic era) (мезозойская группа, 미자조이스카야 구룹파)	트라이아스기(Triassic period) (триасовый период, 트리아소브이 페리오드)	
	쥐라기(Jurassic period) (юрский период, 유르스키 페리오드)	
	백악기(Cretaceous period) (Меловой период, 밀라보이 페리오드)	
신생대 (Cenozoic era) (кайнозойская группа, 카이나조이스카야 구룹파)	제3기 Tertiary period (третчиный период, 트레치느이 페리오드)	팔레오세(Paleocene epoch) (палеоцен отдел, 파레아첸 오트젤)
		에오세(Eocene epoch) (эоцен отдел, 에아첸 오트젤)
		올리고세(Oligocene epoch) (Олигоцен отдел, 아리고첸 오트젤)
		마이오세(Miocene epoch) (миоцен отдел, 미아첸 오트젤)
		플라이오세(Pliocene epoch) (плиоценовый отдел, 프리아체노브이 오트젤)
	제4기 Quaternary period (Четвертичный период, 체트베르치츠느이 페리오드)	플라이스토세(Pleistocene epoch) (плеистоцен отдел, 프레이스토첸 오트젤)
		홀로세(Holocene epoch) (голоцен отдел, 가라첸 오트젤)

04
바이칼호 주변 지역과 답사 기지인 이르쿠츠크

시베리아의 파리, 이르쿠츠크

2014년 9월 19일 늦은 밤 이르쿠츠크에 도착하여 안가라 호텔에서 1박하고, 다음 날 아침 10시 바로 바이칼호 호중도(湖中島) 올혼섬 답사에 나섰다. 이르쿠츠크 공항에서 인천공항으로 귀국하는 9월 27일까지 줄곧 이곳을 답사 기지로 삼아 울란우데를 왕복하며 바이칼호 중남부 지역을 세밀하게 관찰하였다.

안가라(Ангара)강을 사이에 두고 강동과 강서로 발달한 아름다운 강안도시 이르

위부터 강변에 자리 잡은 동방정교회 성당의 화려한 모습,
교외의 애교 있는 입간판, 도시 변두리의 풍경

쿠츠크는 동부 시베리아 문화의 중심지다. 1700년대부터 중국이나 유럽의 모피상들이 출입하며 모피 교역이 발달했고, 오늘날에는 안가라강을 끼고 안가라-바이칼 공업벨트를 이루고 있다.

안가라강의 풍부한 유량, 빌딩과 숲의 조화, 가장 좋은 자리에 입지한 동방정교회 성당, 대학과 연구지부 등 시베리아의 파리다운 모습을 유감없이 나타내는 도시가 바로 이르쿠츠크 시이다.

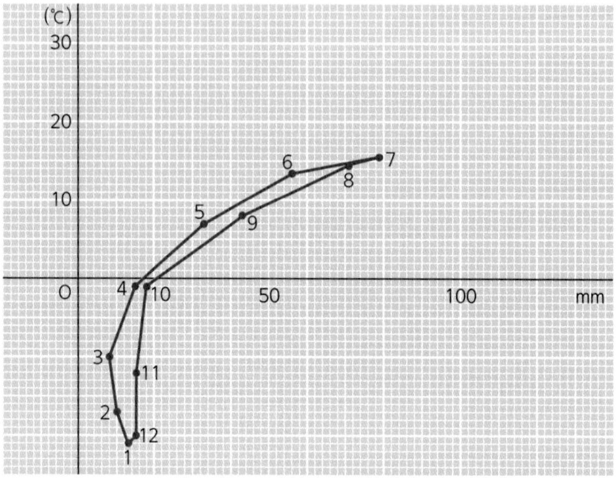

이르쿠츠크 시의 기후표(climograph)

* 출처: National Geographic Atlas of the World 제7차 개정 1999년판 부록의 세계의 중요도시 기후표의 월 평균 기온과 강수량을 기초로 필자가 작성.

이르쿠츠크는 1년 중 가장 추운 달인 1월의 평균기온은 −21℃로 대단한 혹한이며 12, 1, 2월의 매우 추운 날은 −35℃에 이른다. 가장 더운 달인 8월의 평균기온은 19℃로 매우 더운 날은 30℃에 가까운 혹서를 경험할 수도 있다. 그러나 쾨펜의 기후구분상으로는 하바롭스크와 마찬가지로 하계냉량 기후에 속한다. 겨울철은 강설량이 적으며 대체로 건조하고 6, 7, 8월은 우기로 월별 강수량은 50mm 이상을 기록한다. 대체로 혹독한 대륙성 기후로 겨울은 한랭건조하며 여름철은 고온다습한 것을 기후적 특징으로 생각하고 여행자는 대비하여 여장을 준비하여야 한다.

안가라강을 사이에 두고 발달한 안가라–바이칼 공업벨트

우스티 일림스크(Усть-Илимск) 댐에 의해 만들어진 거대한 안가라 저수지를 사이에 두고 안가라강 양안에 발달한 이르쿠츠크 시는 900km에 달하는 수상교통과 풍부한 에너지자원 및 수자원을 기초로 안가르스크(Ангарск), 브라츠크(Братск) 등의 공업도시를 형성하였다.

특히 브라츠크 수력발전소의 전력과 안가라강과 바이칼호를 연관시킨 자원과 산업을 합리적으로 결합하여 치룜하바(черемхово)와 우소리 시빌스카에(усолье-сибирское), 시빌스크(сивирск) 등의 공업도시들은 이르쿠츠크 시를 중심으로 지역발전에 크게 공헌하였다.

투루다보이(Турдобой), 치림호바(церемхобо), 카시야노브카(КасЬянобка), 시빌스크, 우소리 시빌스카에, 안가르스크, 유고–바스토치니(Юго-Восточный), 쇠레호브(Шелехоб), 이르쿠츠크 등 9개 도시는 안가라강을 끼고 발달한 공업도시로 안가라–바이칼 콤비나트를 이룬다.

이밖에도 발라간스크(Балаганск), 우스–쿠다(усть-куда), 아가란카(Агаланка), 나라타이(наратай), 칼투크(калтук), 카라훈(карахун), 아시노브카(осиновка), 아죠르느이(озерныи), 비듬(видим), 세다노바(седаново), 죄레즈나골스크–일림스키(железногорск-илимский), 노부–이기르마(нов игирма), 죄레즈노다로즈느이(железнодорожный) 등 안가라강 콤비나트는 확대 일로에 있다.

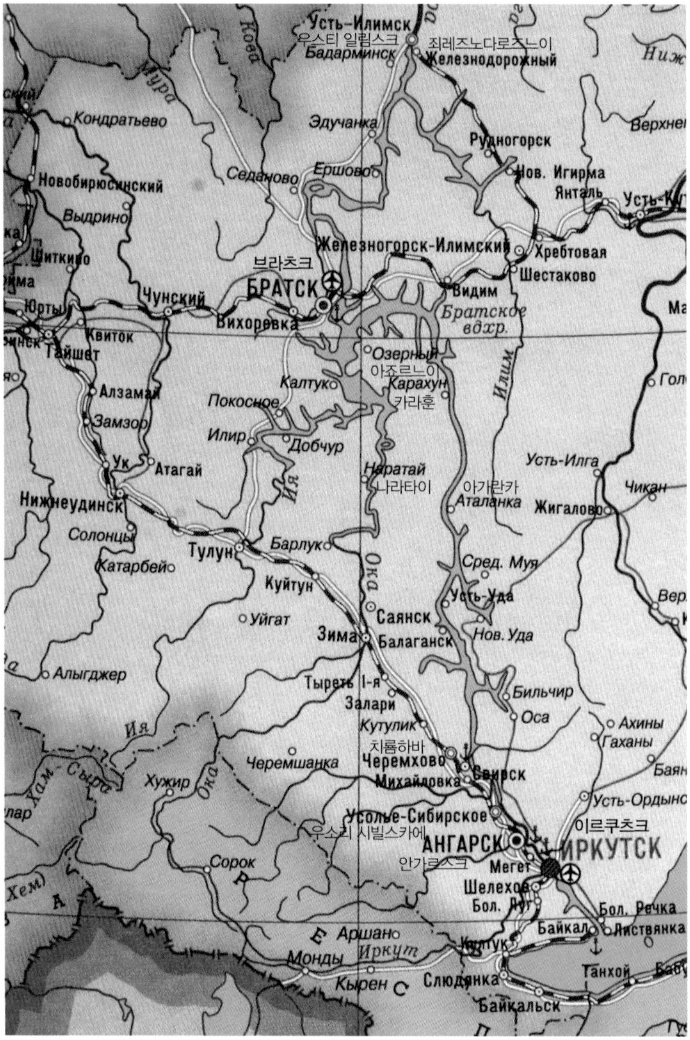

안가라강 연안의 공업도시(안가라-바이칼 콤비나트)

위는 저지대의 자작나무 원시림. 높은 지대는 침엽수림이 차지하고 있다. 아래는 고가의 모피 동물인 담비나 호랑이를 사냥하기 위해 사냥꾼들이 은신하고 숙식을 해결하던 귀틀집이다.

부랴트인들의 통나무를 이용한 수로와 귀틀집 방앗간. 용수를 재활용하기 위해 경사지를 이용하여 계단상으로 방앗간을 지었다.

탈치 야외 민속박물관과 리스트뱐카의 바이칼 박물관

탈치(тальцы) 민속박물관에서는 귀틀집 이즈바(изба: Izba)와 개량 귀틀집 등 목조 건축물을 전시하고, 통나무 수로를 활용하여 물레방아를 돌려서 밀을 빻아 밀가루를 만들기도 한다. 귀틀집 방앗간에서는 말이 끊임없이 연자방아를 돌린다.
경사지를 이용하여 용수를 재활용하는 계단상 방앗간을 만든 옛날 사람들의 지혜로운 물자원의 활용방법은 우리가 본받아 미래에 닥쳐올 생활용수의 부족을 극복할 수 있는 지혜의 원천으로 삼아야 할 것 같다.

단단하고 가공하기 쉬운 사암으로 만든 연자방아와 유일한 운반 수단으로서의 말마차

2층 귀틀집과 그 내부

이르쿠츠크 교외에서도 현대화된 개량형 귀틀집이 눈에 뜨인다. 귀틀집에서 현대화된 판잣집으로의 변형은 되었지만 무게는 없다.

바이칼호를 입체적으로 탐사하는 데 참여한 수중탐사선과 바이칼호에 서식하는 귀여운 민물 물개 네르파

다음으로 특기할 것은 '담비길'의 개척이다. 부랴트(буряти)인들은 농한기를 이용한 부업으로 타이가 밀림에서 잠복하며 담비를 비롯하여 불곰이나 호랑이 가죽을 생산 가공하였는데, 그 지혜로운 잠복 수단과 놀라운 가죽 가공 기법이 유럽의 모피 수집상들을 불러 모아 담비길을 개척하기에 이르렀던 것이다.

리스트반카(листвянка)의 바이칼 박물관은 바이칼호의 성인에 관한 지구과학적 생성이론, 바이칼호를 중심으로 한 주변의 지질도, 바이칼호에 서식하는 어족 등에 관한 조사 결과를 전시하고 있다. 바이칼호의 민물 물개인 네르파(nerpa)도 볼 수 있어서 이곳을 먼저 관람하여 기초지식을 얻은 뒤 바이칼호 여행에 나서기를 권고한다.

박물관 옥외에는 수중탐사선(Soviet-American expedition research site, 1990)이 전시되어 있다. 이 수중탐사선에 의한 입체적인 탐색으로 바이칼호에 관한 많은 새로운 사실들이 세상에 알려졌다. 그러나 아직도 바이칼호 주변 산지와 빙하지형에 대한 조사 연구는 만족할 만한 상황이 아니다. 앞으로 보다 효과적인 현지답사를 통해 새로운 사실들이 풍성하게 발표되기를 기대한다. 그러기 위해선 좀 더 관광산업이 진흥되고 편의시설과 관광을 위한 기반시설도 확충되어야 할 것이다.

시원육지 안가라 순상지와 카라 크라톤

안가라 순상지(Ангарский щит)는 유럽의 발트 순상지, 북미 대륙의 캐나다 순상지와 더불어 세계에서 가장 오래된 태고대의 시원육지(始原陸地)이다. 예니세이(Енисей)강과 레나(лена)강 상류 지역에 펼쳐지며, 오랜 육상침식과 지각평형(Isostasy)적 융기가 조화를 이루어 마치 방패를 엎어놓은 것 같은 땅 생김으로 바이칼호 북부의 광대한 지역이 여기에 해당된다.

안가라 순상지는 시베리아 탁상지(卓狀地)와 거의 같은 뜻으로도 해석되며 초기 원생계(原生界)의 안정된 기반으로 시베리아 대지 중심부의 안가라 크라톤,* 서부의 카라(Kara) 크라톤, 동부의 알단(Aldan) 크라톤과 더불어 시베리아 안정지괴를 이루고 있는 순상지에 대한 총칭적 용어이다. 러시아 학자들의 연구에 의하면 이들 순상지는 바이칼호 서안의 산맥에서 발원하는 레나강 상류의 고원에서 흘러내리는 아르단(Алдан)강과 알레크마(Олекма)강 사이에 발달한 일단의 탁상지를 가리킨다.

* 크라톤(Craton): 선캄브리아 시대의 안정화된 대륙 지각을 가리키며 순상지나 탁상지를 포함한 지역에 해당된다. 조산대와 반대되는 안정지괴의 개념으로 그리스어로 '강(强)한 것'을 뜻한다.

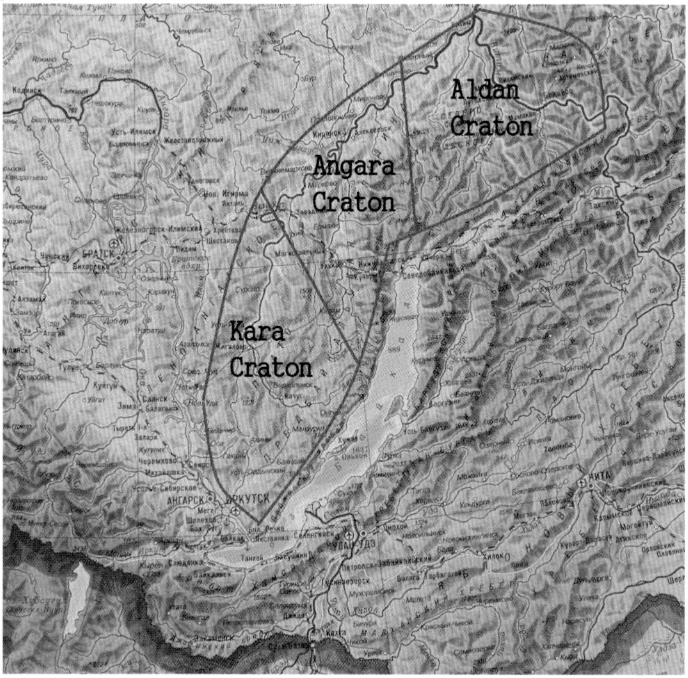

안가라 순상지는 예니세이강과 레나강 상류 지역에 펼쳐지는 안가라 크라톤, 카라 크라톤, 알단 크라톤을 총칭한다.

순상지의 지표 지질은 대부분 그래뉼라이트*상으로 장석, 석영, 석류석(garnet)을 포함한 휘석, 혼펠스**상의 여러 가지 변성암류와 그것을 관입한 화강암질 암석으로 구성되며, 이들 암석의 절대연대는 대략 20억 년 전후로 알려져 있다.

---

* 그래뉼라이트(granulite): 독일 작센 지방에 분포하는 장석, 석영, 석류석을 주로 하는 세립 중립상의 변성암으로 운모와 각섬석이 없어 편리(片理)가 발달하지 않는 암석에 대해 사용되는 암석학적 용어이다.

** 혼펠스(hornfels): 접촉변성암을 대표하는 암석으로 완전하게 재결정된 괴상(塊狀)과 치밀한 등립상(等粒狀) 변성(granoblastic) 조직의 변성암을 지칭하는 암석학적 용어이다.

바이칼호 북서부의 카라 크라톤에 발달한 순상지. 이르쿠츠크에서 바이칼호로 가는 중간 지점인 바얀다이 부근이 보기 좋다.

바이칼호로 가는 길

이르쿠츠크 시의 도로 사정은 그리 좋은 편은 아니지만 우스티 오르딘스키(усть-ордынский)를 지나면서 도로 상태가 좋아져 승용차가 속도를 내기 시작하였다. 바얀다이(Баяндай)에서 러시아의 전통음식인 물만두로 점심을 먹고 바로 올혼섬을 향하여 달렸다.

초지를 조성하기 위해 자작나무를 잘라낸 곳은 마치 먹물을 끼얹은 듯 온통 검은 토양 체르노젬을 드러내고 있다. 오른쪽은 조성된 초지.

점심식사를 마친 동네에서부터 흑토가 나타났다. 처음에는 눈을 의심하다가 차에서 내려 자작나무 밑동이 검은 옷을 입은 듯한 체르노젬(чернозём, chernozem)의 존재를 확인하였다. 초지를 조성하기 위해 자작나무를 잘라낸 곳은 마치 먹물을 끼얹은 듯 온통 검은 토양 체르노젬을 드러내고 있다.

체르노젬은 볏과 식물이 많은 초원에 발달하는 성대토양(zonal soil, 成帶土壤)으로 흑토라는 뜻이다. 체르노젬은 수십cm 두께의 토양으로 매우 비옥하며, 우크라이나에서 중부 시베리아에 걸쳐 발달하여 세계적인 밀 산지를 이룬다. 그러나 바이칼호로 가는 길 위의 흑토는 자작나무 숲 아래에 발달하였다.

처음으로 접한 정령 숭배의 증표인 마두상(馬頭像)에 이어 거센 바람이 부는 높은 언덕 위에 세차게 날아오를 듯한 독수리상과 그 앞을 장식한 토템 폴(totem pole)

을 볼 수 있었다. 아래부터 위까지 오색찬란한 헝겊이 칭칭 감긴 높고 낮은 세 개의 기둥으로 된 토템 폴을 보며 차는 계속하여 바이칼호 최대의 호중도 올혼섬을 향하여 달렸다.

빙하가 할퀴고 지나간 곡지와 평탄한 고개인 파랑상의 언덕과 곡지가 교대로 나타나는 산맥을 넘어 올혼섬이 바라보이는 넓은 고대(高臺)상의 빙력토 평원에 이르렀다. 멀리 바이칼호 서부 산지를 바라보니 빙하가 차별침식한 곡지열과 구릉열 그리고 암석혹이 널려 있었다.

독수리상과 토템 폴

빙하의 위대한 힘을 감상하며 승용차는 내리막길을 쏜살같이 달려 올혼섬이 바라다보이는 언덕에 잠시 멈춰 섰다. 초라한 거지 차림의 동상이 눈에 들어왔다. 동상 옆에 서서 북쪽을 바라보니 바이칼호의 호중도 올혼섬이 모습을 드러내며 반겨주었다.

우스티 오르딘스키 부근을 통과할 때 나타난 곡지열과 구릉열. 곡지와 분수령이 명확하지 않은 능선을 넘나들며 무인지경의 도표를 바라보니 이르쿠츠크, 카프살(капсал), 마이스크(майск)의 삼거리이다(상).
사라-타고트(шара-тогот) 부근의 구릉열과 곡지열. 빙하의 차별침식으로 만들어진 멋진 풍경이다(중).
암석혹은 빙하가 후퇴하면서 남긴 돌무더기와 침식에 저항하여 남은 경암(硬岩)의 노두(露頭)와 더불어 빙하의 위력을 나타내는 훌륭한 빙력토 평원을 눈앞에 펼쳐놓았다(하).

멀리 보이는 사시유르타 마을과 물 건너 올혼섬

제정러시아의 차르는 의심이 많은 사람으로 똑똑하고 바른말 하는 사람들은 밀고만 있으면 인정사정없이 시베리아 유형지로 추방하거나 귀양살이를 보냈다. 권력 있는 사람들의 미움을 받은 사람들은 수도권에서 수만 리 떨어진 시베리아의 바이칼호 올혼섬으로 귀양살이를 가야 했다.

이름 없는 동상의 주인공은 석방은 되었지만 늙어서 노동력도 없고 처자식도 모두 없어지고 갈 곳도 오라는 사람도 돈도 없어, 하늘과 땅을 번갈아 쳐다보며 땅이 꺼져라 한숨을 쉬어대는 처량한 모습이다. 한 많은 올혼섬에서의 고통의 기억을 털어 내려는 듯 올혼섬을 등지고 있다.

올혼스키 바로타(ольхонские ворота). 매시간 운항되는 올혼호는 승객이나 차량을 무료로 도선하여주는 고마운 연락선이다. 오른쪽은 이름 없는 귀양살이 희생자의 동상.

한 시간에 한 번씩 자동차와 사람을 무료로 실어다주는 고마운 올혼호는 사시유르타(сахюрта) 마을과 올혼섬 부두 마을을 연결시켜주는 유일한 연락선이다. 호협(湖峽)의 지형이 공교롭게도 리아스(rias)식 호안(湖岸)을 이루어 성인을 생각해보았다.

리아스식 해안은 후빙기 해면의 상승으로 골짜기마다 바닷물이 들어와 거치상(톱날같이 들쑥날쑥)을 이루는 침수해안이다. 그러나 바이칼호 호면은 해면의 승강운동과는 아무런 관련성이 없다. 빙하의 하강적 소멸이 있을 뿐이며 올혼 호협의 리아스는 구조적 설명만이 가능하다.

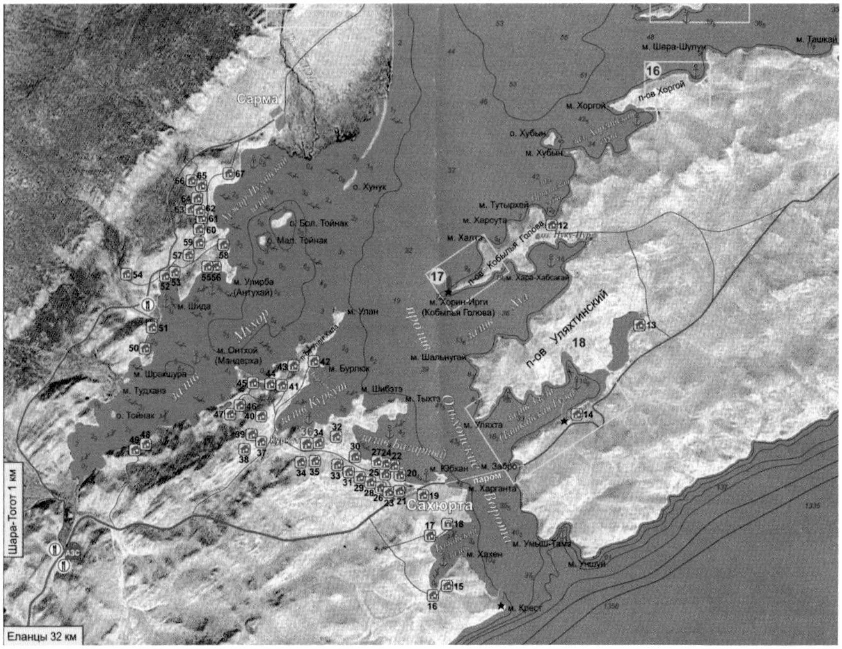

바이칼호 호안의 리아스

러시아의 과학자들은 올혼섬 북쪽 호협을 빠져나갈 수 있는 작은 바다(прол. малое море)로 표현하지만, 바이칼호는 큰 바다라는 뜻으로 생각하여 리아스식 호안으로 생각한다면 이는 큰 착각을 일으킬 수 있는 용어라고 생각된다. 이곳의 리아스는 성인적으로는 전혀 다른 개념이기 때문이다.

Tip 4
빙기와 간빙기의 해면의 승강운동(eustatic movement)

플라이스토세의 빙기가 극성을 부리던 때에는 유럽의 북위 40~50° 평지와 산지에 따라 선별적으로 두터운 빙하가 덮고 있었다는 사실은 많은 빙하지형을 연구하는 학자들의 빙퇴석(moraine) 연구의 결과로 판명되었다. 북미 대륙에서도 뉴욕주를 비롯한 애팔래치아 산지 및 5대호 남쪽의 북위 40~50° 지역 범위에 걸쳐 선별적으로 빙하지형이 발달하였다.

필자는 2000년도에 소싱안링산맥과 대싱안링산맥을 비롯한 내몽골 지역과 알타이 산지를 답사하며 아시아 지역의 지난날의 빙상빙하지형을 관찰하였다. 이번 시베리아 탐사를 통하여 아시아 지역에도 북위 40~50° 지역에 따라 구미 대륙과 동일한 빙하지형이 발달하였음을 확인하였다. 이번에는 러시아의 극동 지역, 바이칼호와 주변 지역을 답사한 경로에 따라 빙하지형학적 관점에서 지도와 사진으로 자연환경 요소로서의 기초가 되는 지형을 설명하였다.

맨해튼 중앙공원 내에 발달한 빙하의 삭마지형. 전형적인 채터 마크(chatter mark)이다(좌).
맨해튼 중앙공원 내에 모습을 드러낸 빙식파쇄(plucking) 현상. 육중한 빙상 아래의 굳은돌을 연장으로 기반암에 깊은 상처를 주어 뜯어낸 모습이다(우).

맨해튼 중앙공원 내의 또 다른 모습을 보여주는 빙하성 홈(glacial groove). 굳은 이질암의 관여와 빙상의 육중한 하중으로 기반암을 차별 침식한 결과이다(좌).
맨해튼 중앙공원 내의 빙하가 암반을 할퀴고 지나간 흔적지형 조선(striation). 조선은 빙하의 유동 방향과 일치하며 때로는 굴러다니는 암괴에서도 조선이 나타난다(우).

맨해튼 북방 50km에 있는 베어(Bear)산 꼭대기의 빙관빙하의 다림질 지형(상). 빙관빙하에 짓눌려 평탄하게 뭉개진 다림질된 산정을 보면 빙관빙하의 위력을 이해할 수 있다(하).

맨해튼 중앙공원 내 암반 위의 미아석(glacial erratic boulder). 위스콘신 빙하가 후퇴하면서 기반암 위에 버려진 셈이다(좌).
영국 요크셔데일스 국립공원 석회암 포상(limestone pavement) 위에 얹힌 거대한 미아석. 이 또한 뷔름 빙기가 후퇴하면서 남겨놓은 이질암이다(중).
남부 호안의 미쉬하(мишиха) 역 남부에 하구를 둔 미쉬하천 곡두(谷頭, valley head)에 버려진 이질암 미아석은 빙하가 운반하여 온 것이다(O. T. Rusinek, G. F. Ufimtsev, V. A. Fialkov 공저의 ***BAIKAL*** 중 LAKES AROUND BAIKAL 142쪽 부록 사진91)(우).

대싱안링산맥을 넘어 헤이룽장(黑龍江)성의 시린지(西林吉)에서 내몽골의 만꾸이(滿歸)로 들어오는 길. 빙하의 삭마작용으로 분수령의 경계가 확실치 않은 평정봉(平頂峯)이라서 사진에 담긴 소박한 인사 플래카드로 경계임을 알 수 있었다.

2부

바이칼호 I

05

판구조론에 기초해 살펴본 바이칼호의 성인

베게너의 대륙표이설

대륙표이설의 창시자 베게너

독일이 낳은 기상학자이자 지구물리학자인 베게너(Alfred Wegener, 1880~1930)는 1912년 대륙표이설(大陸漂移說)을 주창하였다. 그는 대서양 양안 해안선의 유사성, 남반구에서 발견되는 고생대 말 화석 식물군의 공통성, 빙하 유적의 존재 등을 증거로 고생대 말기의 원시대륙은 한 덩어리였다고 주창하였다. 이 땅덩어리, 즉 판게아(Pangaea) 대륙*의 중심부를

* 판게아(Pangaea) 대륙: 현재의 대륙을 고생대 말까지 하나의 땅덩어리로 상정한 베게너의 가상 대륙이다. 여기서 Pan은 범(汎), 무릇의 뜻을 지니며 gaea는 그리스 신화에 나오는 대지의 여신 가이아와 같은 뜻이다. 범대륙(汎大陸)으로 해석하면 된다.

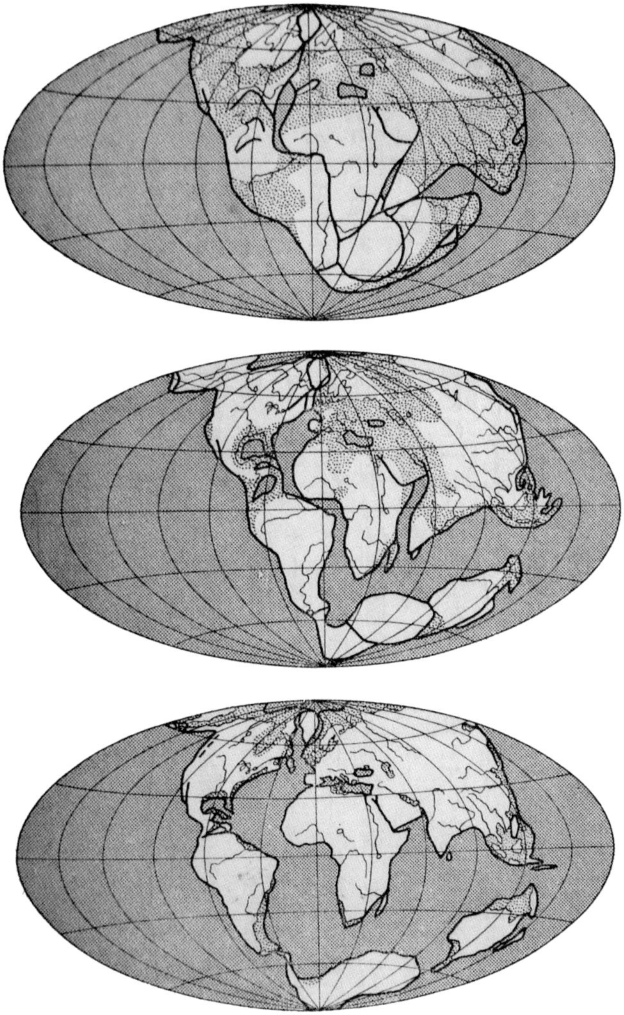

베게너의 대륙표이설 개념지도. 위에서부터 석탄기 말의 범대륙인 판게아 대륙 개념도, 고제3기 시신세의 표이 분리되는 모습, 제4기 플라이스토세 초기의 표이 분리된 모습.

적도가 지나갔으며, 고온다습한 열대습윤 기후로 어디나 밀림을 이루어 오늘날의 열대정글과 같았다. 고생대 말의 석탄기와 페름기의 지층에 풍부한 석탄이 매장되어 있는 것은 이 때문이다.

원래 땅덩어리는 지구가 탄생한 이래 별의 시대, 암석 시대, 해양 시대를 거치면서 냉각하였지만, 아직도 깊은 땅속인 지각 아래에는 용광로의 쇳물이 녹은 것 같은 마그마(magma, 암장)가 존재한다. 지표면의 대륙, 즉 땅덩어리는 이 마그마 위에 떠서 움직이는 판구조로 판과 판은 밀고 당기고 엇갈리며 이와 관련된 화산활동, 지진 등으로 지표면을 변화시키고 있다. 예컨대 태평양판은 동진하는 유라시아판을 파고들어가 일본 해구를 만들었으며, 이 충격으로 지진과 화산활동이 빈번하다는 설명이다.

대체로 400km까지의 깊이에 이르는 상부 맨틀 위에 떠서 움직인다는 암석권(lithosphere)*의 두께는 33km이며, 개념도상의 비율 표시는 0.66mm로 표기가 불가능하다. 이 개념도상에서는 무시되는 두께인데 과장되게 표시할 수 없으니 독자의 상상에 맡긴다. 다음의 암류권(asthenosphere)**의 깊이는 지표로부터 150km를 잡으며 개념도상의 3mm에 해당한다. 상부 맨틀(up. Mantle)까지 400km(8mm), 구조권(tectosphere)***까지 1,000km(2cm)이다. 그다음은 1,000km에서 2,700km까지의 하부 맨틀로 개념도상의 비율로 지표에서 5.4cm가 된다.

---

* 암석권(lithosphere): 대기권(atmosphere), 수권(hydrosphere)에 대응하는 용어로서의 암석권은 지각(地殼)을 말하며, 유동적인 상부 맨틀(mantle)인 연약권(asthenosphere) 위를 덮고 있는 200km 정도의 깊이에 이르는 고체층이다.

** 암류권(asthenosphere): 연약권이라고도 한다. 유동성이 강한 유약한 층을 가리키며 지각 바로 아래에 있는 층으로 지진파 저속도층과 같은 뜻을 지닌다. 물론 해양지각과 대륙지각의 차이는 있지만 암류권은 100~150km까지를 이르며 그 깊이는 일정하지 않다.

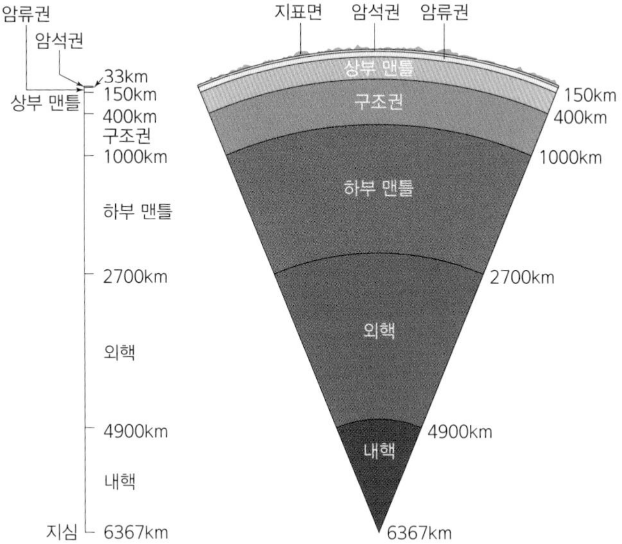

지구의 단면 구조 개념도
* 출처: 필자 작성.

다음은 지표에서 4,900km까지를 중심권의 외핵 4,900km에서 지구의 중심인 6,367km, 즉 내핵의 중심인 지구의 반경을 지심(地心)까지 나타낸 것인데, 계산을 할 수 없어 지심까지 6,367km의 배수(倍數)인 12,752km를 반경으로 잡고 계산한 수치로 계산척을 만들었다.

지표면에서 가장 높은 에베레스트산의 높이가 8,848m이고 가장 깊다는 태평양의 마리아나 해구에 있는 비티아즈 해연의 깊이가 11,034m이다. 지표면에서 가장 높

*** 구조권(tectosphere): 지각운동을 일으키는 부분이다. 학자에 따라 구조권을 지각에 포함시키기도 하고 맨틀의 최상부로 취급하기도 한다.

은 곳과 깊은 곳의 수치를 합쳐도 지구 표면의 기복은 20km에서 118m가 부족한 셈이다.

따라서 33km가 0.66mm(1mm 이하)로 나타나는 이 개념도상에서 20km는 무시되는 숫자라는 것을 감안하고 개념도를 보기 바란다. 아울러 이 개념도를 보기 전에 정확하기로 정평이 난 미국의 Replogle Globes에서 제작한 지름 30.5cm(12인치)의 지구의상의 기복을 손끝으로 더듬어 확인해보기를 권한다.

여기서 지하 증온율과 33km가 지니는 뜻을 잠깐 설명하기로 한다. 지표에서 33m 깊이의 땅속은 연중 온도의 변화가 없는 지하 항온대이다. 여기서 다시 33m 깊어지면 온도가 1℃ 상승하며, 33m씩 깊이를 더할 때마다 온도는 1℃씩 상승한다. 이것을 지하 증온율이라 한다. 필자는 학생들과 더불어 1972년 8월 장성탄광의 호의로 지하 700m 막장의 채탄 현장에서 23℃를 체험한 바 있다.

물론 지하 증온율은 위도와 지형 그리고 기후대 및 지역의 환경조건, 식생과 암석학적 특성에 따라 다소 차이가 있을 것이다. 그러나 냉장고가 없던 시절에 깊은 우물을 파서 연중 온도의 변화가 가장 적은 곳을 이용하여 사냥꾼들이 잡은 육류를 저장하던 기술은 시베리아에서 개발되었다.

지하 증온율에 따라 330m에서는 10℃, 3.3km에서는 물이 끓는 온도인 100℃, 33km에서는 1,000℃가 되며 1,200℃이면 모든 암석이 녹는다. 따라서 암석권의 두께가 33km라는 뜻은 지각이 마그마 위에 떠서 움직인다는 판구조론을 뒷받침한다.

따라서 원시대륙은 지각의 약한 선을 따라 지구 자전의 영향으로 동쪽에서 서쪽으로 이동하였고, 지구 자전에 의한 원심력으로 극 방향에서 적도 방향으로 이동하는 등 표이(漂移) 분리되어 오늘날과 같은 수륙의 분포를 나타낸다는 이론이다. 베게

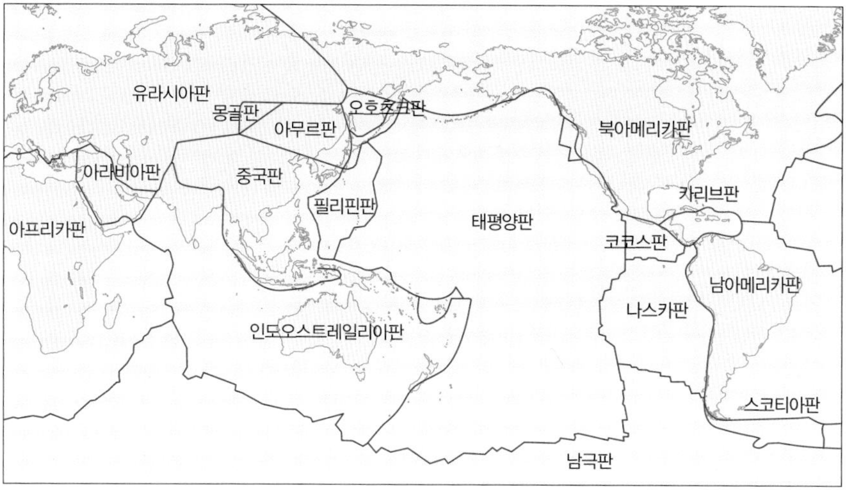

판구조도

너가 주장한 대로 세계지도를 가위로 오려 붙이면 고생대 말의 표이 분리되기 전의 원시대륙의 모습으로 되돌아간다는 가상적 개략적 설명이다.

이 학설이 나온 초기에는 이상한 사람 취급을 받으며 냉소의 대상이 되었으나 베게너는 불굴의 의지로 대륙이 표이 분리하였다는 사실을 증명하기 위해 3차에 걸친 그린란드 탐사에 나섰다. 그러나 베게너는 1930년 10월 그린란드 탐험 중 실종되었으며 그의 실종은 아직까지도 미제사건으로 남아 있다.

베게너의 대륙표이설은 1970년대에 이르러 판구조론(plate tectonics)이란 이름으로 화려하게 부활하여 오늘날 판구조론을 부정하는 지구과학자는 아무도 없다. 판구조론이란 지구 표면은 여러 개의 대륙판, 예컨대 유라시아판, 북아메리카판, 남아메리카판, 인도오스트레일리아판, 아프리카판 등으로 나누어져 있으며, 이 대륙

판들은 마그마 위에 떠서 움직이는 판구조로 되어 있다는 이론이다.

실제로 이 판들이 다른 판 아래로 파고 들어가거나 엇갈리며, 때로는 서로 벌어지는 현상들이 발생한다. 이것은 지구 표면에서의 물질의 이동을 보정하는 보정(補整)적 승강운동의 일환으로 지진과 화산활동은 지구의 안전판 역할로 받아들여져야 한다.

이상과 같은 기본적 대륙판에 부속된 작은 판, 즉 나스카판, 코코스판, 카리브판, 필리핀판, 아라비아판, 소말리아판 등 편의에 따라 많은 부속 판으로 세분되었다. 그뿐만 아니라 나라마다 편의적 해석에 따른 작은 판들도 오늘날 논의의 대상이 되며, 러시아 지구과학자들은 서로 벌어지는 아무르판, 몽골판, 유라시아판을 소개한다.

이상과 같은 관점에서 러시아의 지구과학자들은 바이칼호의 북쪽은 유라시아판이며 북극 쪽으로 이동하고 남쪽은 아무르판으로 남쪽으로 당겨져 갈라진 요함분지(凹陷盆地)가 바로 바이칼호라고 주장하는데, 뒤에 구체적으로 설명하기로 한다.

판구조론의 태동과 러시아의 지구과학자 오브루체브

러시아의 지질학자 브라지밀 아파나시에비치 오브루체브(Владимир Афанасьевич Обручев)는 시베리아 지질학의 대부로 불릴 만큼 널리 알려진 인물이다. 그는 1888년 바이칼호를 답사하고 지각운동으로 바이칼호가 생성되었다고 주장하여 지질학계에 적잖은 파문을 일으켰다. 오브루체브의 바이칼호 성인에 대한 개념은 베게너의 대륙표이설보다 24년이나 앞섰고 현대적 판구조론보다는 80여 년이나 앞선 것으로, 오브루체브는 바이칼호 생성에 대한 최초의 현대적 지구과학적 이론을 주창한 학자로서 칭송을 받고 있다.

오늘날 바이칼호는 지구상에서 가장 깊은 지각판(plate)이 판구조적 예인작용으로 갈라져 생성된 요함(凹陷) 단열분지(斷裂盆地)이며, 원시 바이칼호 호분(湖盆)은 깊은 지구대로 갈라져 에티오피아 북동부의 다나킬(Danakil)* 함몰대를 비롯한 아프리카 대지구대의 탕가니카호나 니아사(말라위)호를 연상하게 한다.

바이칼호 호분은 오랜 지질학적 시간에 걸쳐 담수되었고, 플라이스토세 말의 기후 사변에 따른 빙기와 간빙기 동안에 거대한 곡빙하의 측방 침식을 받았다. 이로 인해 만들어진 호안의 절단산각은 물론이요, 수준을 달리하는 몇 개의 절단산각을 현지 답사와 위성사진을 통해서도 확인할 수 있었다.

오늘날까지 바이칼호 생성이론에 대한 지구과학자들의 견해는 구조적 문제에만 집착하여 수많은 구조선, 즉 단층선을 그려냈다. 이 단층선을 부인하지는 않지만 빙하학적으로 빙하지역에 보편적으로 발달하는 빙하지형, 즉 절단산각에 대해서는 너무나 무관심하였다는 주장이다.

지구 표면을 혁명적으로 변화시키는 지각의 대변동으로 수륙의 분포에 변화를 가져온 것 또한 사실이지만, 대지를 침식하고 운반하며 평탄한 대지(臺地)에 깊은 협곡을 만들고 높은 곳을 깎아 낮은 곳을 메우는 균평화(均平化)작용**을 하는 것은

---

* 다나킬(Danakil) 함몰대: 에티오피아 북동부와 에리트레아 중부의 국경지대에 입지한 아프리카 대륙의 판구조적 대지구대에 있는 함몰대로 지각의 약선에 따른 예인작용으로 갈라진 요함분지에 댈롤(Dallol) 화산이 있으며, 기이한 화산성 위카르스트(pseudo karst) 현상이 나타난다. 바이칼호와 성인상 공통점이 많으며 세계자연유산으로 등재되었다.

** 균평화작용(均平化作用: gradation): 지구 표면의 고저기복, 즉 불균형을 바로잡으려는 자연계의 힘의 작용인 외적 영력(營力)에는 다음과 같은 5대 작용이 있다. ① 수류의 작용(하천지형), ② 빙하의 작용(빙하지형), ③ 바람의 작용(사막지형), ④ 파랑의 작용(해안지형), ⑤ 용식작용(카르스트지형).

외적 영력(營力)의 위대한 힘이다. 외적 영력은 하천에 의한 하식(河蝕), 빙하에 의한 빙식(氷蝕), 바람에 의한 풍식(風蝕), 파랑에 의한 파식(波蝕), 카르스트 지형화의 용식(溶蝕) 등 5대 작용으로 집약되며, 이 작용들은 모두 침식, 운반, 퇴적을 하며 높은 곳을 깎아 낮은 곳을 메우는 지표면의 균평화에 깊이 관여하고 있다.

이러한 관점에서 바이칼호 호변의 수준을 달리하는 여러 단의 절단산각은 바이칼호 성인과 관련하여 외적 영력 중의 하나인 빙하학적으로 깊은 연구가 이루어져야 한다는 주장이다. 플라이스토세에 극성을 부리던 유럽의 뷔름 빙기와 북아메리카 대륙의 위스콘신 빙기는 전 지구적인 기후사변(climatic accident)*으로 아시아 지역이라고 예외가 될 수는 없다. 이러한 관점에서 필자가 주장하는 안가라(뷔름) 빙기와 거대한 안가라 빙상과 바이칼 곡빙하의 진화 개념도를 만들었다(110쪽 그림 참고).

바이칼호와 가칭 안가라(뷔름) 빙기의 연관성

바이칼 곡빙하를 총체적으로 관찰하여 보면, 주 빙하는 안가라-바이칼 곡빙하이며, 주 빙하에 크게 영향을 준 빙하는 세렌가-우다 곡빙하이고, 그다음으로 영향을 준 빙하가 바르구진 곡빙하이다. 이 세 빙하는 바이칼호 주변의 지형 생성 및 지형

---

* 기후사변(climatic accident): 지질시대를 통하여 가깝게는 플라이스토세에 있었던 8차에 걸친 빙기와 간빙기의 역사가 바로 기후사변의 역사이다. 빙기에는 물이 순환체계를 이탈하여 고위도 지방이나 고산지대에 폐쇄되므로 해수준면이 낮아지는 이변이 나타났다. 이로 인하여 연천해(沿淺海)는 육지로 변하는 엄청난 역사가 있었고, 간빙기의 기온의 상승은 해면의 상승으로 침수해안을 만들어 다도해와 해안선이 들락날락하는 리아스식 해안을 만드는 등 8차에 걸친 빙기와 간빙기의 역사는 동식물의 확산과 위축에도 지대한 영향을 주었다.

변화에 큰 영향을 주었다.

바르구진 곡빙하는 지형적으로 큰 영향을 주며 절단산각을 만드는 등 바이칼 곡빙하에 적잖은 영향을 주었다. 반면 후빙기 빙하의 소실과 더불어 세렌가–우다 곡빙하는 세렌가 삼각주를 만드는 등 바이칼호에 침식보다는 건설적인 영향을 주었다.

바이칼 곡빙하가 식각한 절단산각을 구글어스 위성사진을 통하여 살펴보면 110쪽 그림과 같이 3개의 서로 다른 수준면의 발달상을 인식할 수 있다.

그 첫 번째로 최고위면(최상단)의 발달은 해발고도 1,200~1,300m 안팎이며, 두 번째는 해발고도 700~800m 수준의 완벽한 절단산각 잔존 지형이고, 세 번째인 현재의 호면에서 관찰되는 절단산각은 해발고도 500~700m에 완벽하게 절단산각의 형체가 보존되어 있다.

물론 바이칼호 곡빙하의 초기 침식지형으로서의 절단산각도 있겠으나 자연계의 지형 진화 속도가 매우 빠르다는 것을 생각할 때 초기의 절단산각, 즉 홀로세(충적세) 초인 8,000~9,000년 전의 절단산각은 풍화작용의 진행과 사면의 이동 그리고 식생의 피복으로 거의 확인하기 어려운 상태이다.

바이칼호 곡빙하는 가지 빙하의 흐름을 한데 묶어 현재의 안가라강 출구의 대략 700~800m 안팎의 고도에서 안가라강 하곡을 따라 유동하였다고 추리할 수 있다. 이것은 바이칼호 호안 산지에 남아 있는 제2단의 절단산각과 밀접하게 연관되어 있다고 보기 때문이다.

일부 러시아의 지구과학자들은 바이칼호 호면이 현재보다 낮았던 시기를 상정하고 바이칼호 북동부 수역의 푸로리하 하천 하구부가 바르구진산맥에서 후빙기에 빙괴가 활강하며 식각한 깊은 U자곡의 말단부가 호면의 상승으로 호저(湖底)에 피오르

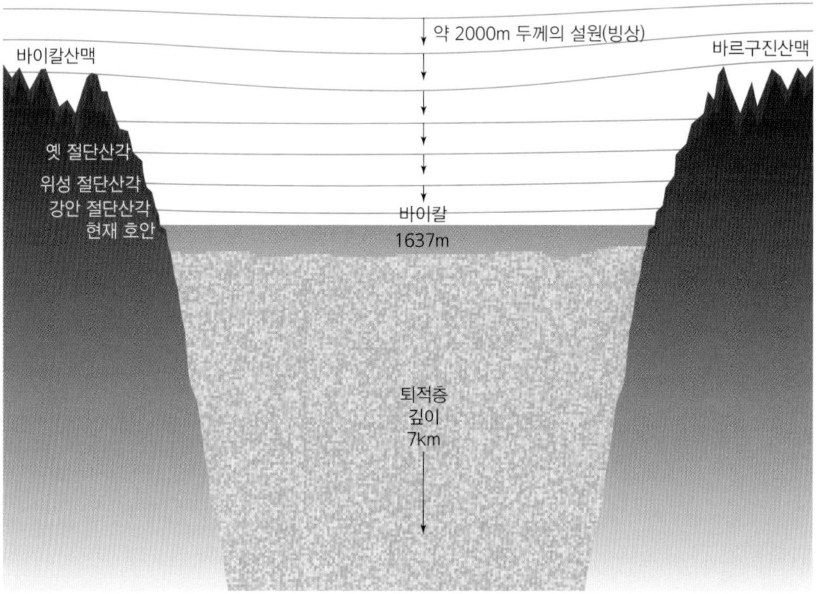

바이칼 곡빙하의 진화 과정과 절단산각의 고도별 분포 및 호안의 절단산각 개념도

상 곡지로 남아 있는 것으로 설명하고 있다.

그러나 바이칼호의 호면은 빙하의 소실과 더불어 하강적으로 현재의 호수면으로 고정된 것이지 결코 호면의 상승으로 설명될 수 없다고 필자는 생각하고 있다. 따라서 푸로리하호와 푸로리하만에 생성된 피오르 가상지형은 그 원인을 다른 곳에서 찾아야 할 것 같다. (융빙 과정에서 빙괴의 활강에 식각하였다고 가정할 수는 있을 것 같다.)

광대한 바이칼호 호분에는 가칭 안가라(뷔름) 빙기에 두터운 빙상이 이 일대를 덮었고, 바이칼호 호분 위는 분상설원(盆狀雪原) 상태로 비름 후빙기를 맞이하며 하강적으로 바이칼산맥과 프리모르스키산맥을 식각한 증거가 고도를 달리하며 하강적으로 발달한 절단산각이다.

안가라 후빙기의 시작은 지질학적 척도로 극히 최근에 벌어진 사건으로 1만 년 전 이후의 홀로세(충적세)의 자연사이며, 현재 해면의 고정을 6,000~7,000년 전으로 보는 입장에서 바이칼 빙하가 녹으면서 담수되어 현재의 호면은 하강적으로 완성되었다는 것이 필자의 주장이다.

110쪽 그림은 바이칼호 북서부의 바이칼산맥과 이어지는 남서부의 프리모르스키산맥, 바이칼호 북동부의 바르구진스키(баргузинский)산맥, 바이칼호 동부의 울란부르가시(улан-бургасы)산맥, 바이칼호 남동부의 하마르다반산맥, 바이칼호 서부의 보스토치니산맥 등에 둘러싸인 바이칼호 호분을 상정(想定)한 곡빙하의 진화 개념도이다.

ⓐ 가칭 안가라(뷔름) 빙기가 극성을 부리던 플라이스토세 말의 안가라 순상지 일대는 2,000m 이상의 두터운 빙상으로 덮여 있던 상태를 나타내며, 바이칼호 호분

은 미약하지만 곡빙하의 원형으로 볼 수 있는 호분의 분상설원 상태를 이루고 있었을 것으로 예상된다.

ⓑ 약 1만 년 전 안가라(뷔름) 빙기가 극적으로 후퇴하며 안가라(뷔름) 후빙기의 기온 상승으로 빙상이 녹으며 바이칼호 호분 주변 산맥인 북서부의 바이칼산맥과 북동부의 바르구진스키산맥의 높은 봉우리들이 모습을 드러낸다. 바이칼호 곡빙하가 천천히 제 모습을 드러내며 유동을 시작하였다.

ⓒ 약 9,000~8,000년 전 바이칼 곡빙하는 본격적인 활동을 시작하여 주변 산지에서 풍화 붕락된 암설들을 바이칼 곡빙하가 운반하기 시작한다. 아울러 바이칼 곡빙하는 주변 산지의 산기슭을 침식하고 잘라내어 현재의 평균 호면에서 700~800m 높이에 절단산각을 남겨놓았다.

ⓓ 약 8,000~7,000년 전에는 곡빙하의 현저한 활동으로 바이칼호가 현재보다 약간 높은 곳에 모습을 드러낸다. 호분에 빙하가 넘치며 현재의 안가라강 유출구의 수준보다 높은 700~800m 고도를 흐르면서 점진적으로 유출구를 식각하고, 기온의 상승과 더불어 융빙이 가속되며 하강적으로 현재의 바이칼호 호면과 유출구를 고정시켰다.

ⓔ 바이칼호의 수심을 분석하여 보면 북부 호역(湖域)에서 100m에서 800m로 점진적으로 등심선을 이루다가 프-오브 스뱌토이 노스 육계도 서부에서 올혼섬 북부를 연결하는 선상에 수심 300m 내외의 얕은 호역이 있는데, 이것은 바이칼 곡빙하 특히 바르구진 곡빙하의 운반 물질과 깊은 관계가 있는 것으로 믿어진다.

러시아의 지구과학자들은 이 호역을 바이칼호 호저 아카데미산맥(подводный Ак-адемический хребет)으로 명명하였는데, 이것은 바이칼호 유일의 호저 산맥

바이칼호를 넘쳐흐르는 안가라강의 출구 사진. 아래 사진은 바로 유출구에서 찍은 것이고, 위의 사진은 리스트뱐카 마을의 방파제에서 안가라강 유출구를 향해 찍은 것이다. 유출구 전면의 수심은 1,392m나 되고 이곳을 통하여 바이칼 곡빙하가 유출된 것으로 추리된다. 빙기에는 훨씬 높은 700~800m 수준에서 빙하가 흐르며 점차적으로 낮아진 것으로 추리된다.

이며 바이칼 북부 호분과 중앙 호분의 경계 산맥으로 러시아 학자들은 생각하고 있다. 그러나 필자는 바르구진 곡빙하가 운반한 빙퇴석으로 볼 여지가 있다는 생각도 한다.

한편 바이칼호 중앙 호분은 프-오브 스뱌토이 노스 육계도에서 세렌가 삼각주 사이의 호역으로 바이칼호에서 가장 깊다. 수심은 올혼섬 동부 수역에서 1,637m를 기록하며 바이칼호 최대의 수심을 나타낸다. 또한 담수호로서도 세계 최대의 수심으로 기록된다.

수심은 다시 세렌가 삼각주 전면에서 얕아지다 바이칼호 서부 호안에서 부구리제이카(вугульдеика) 강구를 기점으로 다시 깊이를 더하는데, 이것 역시 세렌가 곡빙하의 영향과 후빙기 다우기(多雨期)의 세렌가(селенга)강의 운반 물질과 깊은 관계가 있는 것으로 추리할 수 있다.

다시 바이칼호의 수심은 남부 호분인 안가라강 유출구 부근에서 1,446m의 깊이로 슬류쟝카(слюдянка) 부근까지 1,300m의 심도를 유지하는데, 이것은 빙하성 쇄설물질의 운반과 공급에 영향을 받지 않은 것과 깊은 연관성이 있다고 생각된다.

ⓕ 잠수정까지 동원된 소미 합동탐사(Soviet-American expedition research)의 결과로 밝혀진 바이칼호 호분 퇴적층의 깊이는 7km에 이르며, 러시아 학자들이 주장하는 중생대 쥐라기 이전의 판구조적 예인작용(曳引作用)*으로 생성된 단함분지(斷陷盆地) 설이 설득력을 얻고 있다.

---

* 예인작용(曳引作用): 바이칼호의 성인을 판구조적으로 해석하면 유라시아판은 북쪽으로 이동하고 아무르판은 남쪽으로 이동한다. 이 두 개의 판의 경계는 바이칼호를 남북으로 연결하는 중심선이며 연간 2cm씩 벌어지는데, 서로 당기는 작용이 바로 예인작용이다. 이와 같은 벌어짐은 대단히 빠른 속도로 100년에 2m, 1000년에 20m, 1만 년에 200m, 10만 년에 2km가 벌어지는 셈이다. 지질학적 시간은 보통 100만 년, 1000만 년이며,

그뿐만 아니라 바이칼호 자연사박물관 실외에 전시된 바이칼호 수중탐사선이 확인한 바이칼호 북부 수역 호저에서 열수가 분출하는 현장의 포착과 바이칼호 주변에 산재한 50여 개소의 온천의 존재는 바이칼호가 아직도 살아 숨 쉬는 판구조적 활동판이라는 것을 증명하고도 남는다. 실제로 러시아 지구과학자들의 연구에 의하면 유라시아판과 아무르판의 벌어지는 속도(표이 분리되는 속도)는 매년 2cm이며, 호분의 침강 속도는 매년 6mm로 유라시아판과 아무르판은 강력한 판구조적 활동판이라는 것을 밝히고 있다.

서로 다른 지각판이 당기고 밀고 갈라진 곳에 생성된 바이칼호

러시아의 지구과학자들은 바이칼호 호분, 즉 단층열곡(斷層裂谷)의 생성 연대를 2억 5,000만 년 전인 중생대 초기의 트라이아스기(Triassic period)로 추리하고 있으며, 단층열곡에 쌓인 퇴적층의 두께가 7km에 이르는 데서 바이칼호가 지구상에서 가장 오래된 호수라는 것을 입증하고 있다. 바이칼호의 성인에 대한 러시아 지구과학자들의 연구에 의하면 다음과 같이 요약 분석된다.*

바이칼호와 관련된 기본판은 유라시아판이며, 바이칼호를 북서부와 남동부를 연결한 중심선으로 양분하여 북서부는 유라시아판, 남동부는 아무르판으로 세분하였다. 유라시아판은 북쪽인 극지 쪽을 향하여 이동하고 아무르판은 남쪽으로 이동

여기에 사면의 이동과 외적 영력의 작용을 생각하여도 너무 빠른 속도라고 생각된다.

* 하바롭스크 박물관의 지질관, 안가라 강구의 바이칼호 박물관, 부랴트 자치공화국 수도 울란우데 지질관 등에서 관찰한 지질도와 러시아 지구과학자들이 연구한 각종 자료와 저서 및 논문과 현지답사를 통하여 수집한 여러 가지 자료를 기초로 분석한 결과에 필자의 의견을 첨부하였다.

하며, 판구조적 예인작용으로 깊은 단층열곡이 생긴 단열대(斷裂帶)에 바이칼호가 생성되었다는 설명이며, 아무르판 동쪽은 사할린과 일본의 홋카이도(北海道)의 중심부로 분할하였다.

다시 말하여 아무르판 동쪽은 오호츠크판으로 세분하였고 일본 혼슈(本州) 동부의 일본 해구에서 태평양판과 만나며, 다시 오호츠크판 북서부에서 유라시아판과 북아메리카대륙판이 만나며, 이들 판은 서로 동서로 예인작용을 하는 것으로 설명되고 있다.

주변의 시원육지를 중심으로 플라이스토세(Pleistocene epoch) 말의 빙기에는 두터운 빙상에 덮여 있었으며, 빙기의 극적 후퇴로 지각평형적 융기가 후빙기에 나타났다. 필자의 견해로는 여기에 더해 육중한 바이칼 곡빙하가 바이칼호 호분 양안에 서로 수준을 달리하는 크고 작은 거대한 절단산각을 거의 비슷한 수준면상으로 남기고 있는데, 이것은 현지조사나 위성사진을 통하여 주의 깊게 관찰하면 누구도 부인할 수 없는 현실로 다가온다.

바이칼 곡빙하의 하강적 소멸과 하천의 사행(meander)*이 유심(流心)을 치우치게 함으로써 침식 사면과 건설 사면을 만들듯 유동하는 곡빙하도 동일한 이치로 빙심(氷心)을 둔 쪽으로 침식력을 강화하며, 절단산각 형성에 반드시 대칭성은 없다고 생각한다. 다시 말하여 유동하는 주 빙하의 빙심에 가지 빙하인 바르구진 빙하와 세렌가 우다 빙하가 영향을 줌으로써 지형 변화에 관여하였다는 것을 부인할 수는 없

* 사행(meander): 산골짜기를 흐르는 하천은 지질구조에 따른 사행을 하는데 그것을 감입사행(嵌入蛇行)이라 부르고, 넓은 평야지대의 범람원 위를 자유롭게 구불구불 흐르는 사행천을 자유사행천으로 부른다. 감입사행천은 하방침식, 자유사행천은 측방침식을 주로 행한다.

바이칼호를 중심으로 한 지역의 판구조도

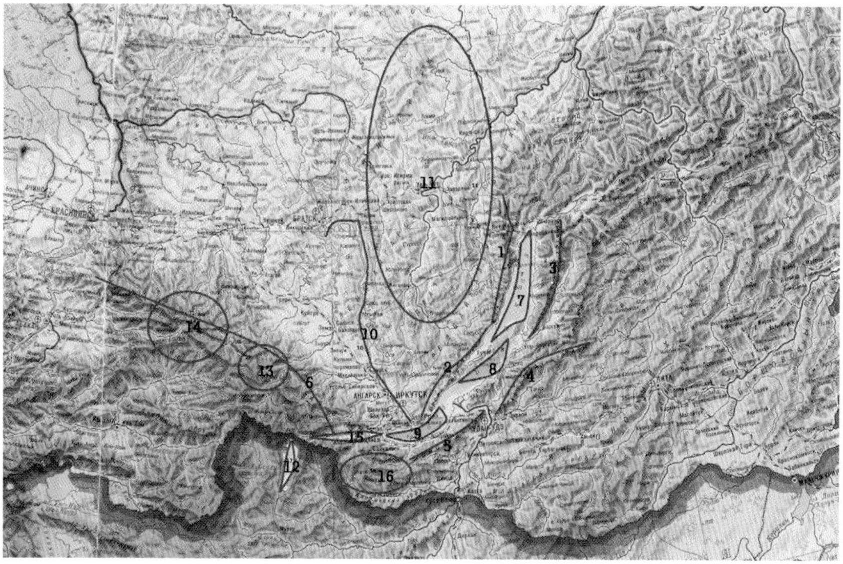

바이칼호 일대의 지세도(지형 구분은 필자)

* 1. 바이칼스키산맥, 2. 프리모르스키산맥, 3. 바르구진스키산맥, 4. 울란부르가시산맥, 5. 하마르다반산맥, 6. 보스토치니사얀산맥, 7. 바이칼 북부 호분, 8. 바이칼 중부 호분, 9. 바이칼 남부 호분, 10. 안가라 하곡, 11. 안가라 순상지, 12. 홉수굴호, 13. 오카고원, 14. 우다고원, 15. 몬드이 이르쿠트 계곡, 16. 우타타바양고르고원

는 것 같다.

오늘날 바이칼호에는 북서부의 프리모르스키산맥과 바이칼산맥을 하나로 잇는 구조선이 있고, 호수 북동부의 바르구진산맥과 하마르다반(хамар дабан)산맥을 하나의 구조선으로 한 산계가 있다. 여기에 더하여 멀리 크라스노야르스크(красноярск) 동쪽에서 바이칼호 남서부로 이어지는 보스토치니사얀(восточный саян)산맥이 관여하는 작은 3개의 판구조적 판이 바이칼호 생성과 깊은 관련이 있는 것으로 생각된다.

바이칼호 주변 전체의 지세도(117쪽 아래 그림)를 보면 레나강의 최상류 지역은 바이칼호 남부의 세렌가강과 아무르강 상류의 실카강 및 그 지류 잉고다(ингода)강이 치타(чита) 부근에서까지 유역 쟁탈을 하며, 사실상 바이칼호 남동부 이북의 거의 3분의 2 지역을 유역 넓이로 바이칼호 호분을 제외한 전 지역을 지배한다.

그러나 바이칼호 호분 내의 336줄기의 크고 작은 하천들은 안가라강을 통하여 사실상 예니세이강에 합류되며, 바이칼호는 프리모르스키산맥과 바이칼산맥을 구조선으로 한 바이칼호 서부 지역의 산맥과 동부 지역의 바르구진강과 세렌가강 유역을 포함한다.

한편 바이칼호 동부의 구조선은 바르구진산맥과 하마르다반산맥을 이어주는 구조선과 멀리 보스토치니산맥을 하나의 구조선으로 하는 3개의 판구조적 작은 판을 기초로 바이칼호가 성립되었다는 주장은 타당성이 가장 높은 이론으로 받아들여야 한다.

실제로 바이칼호 주변의 지형을 자세히 관찰하여 보면 바이칼호는 예니세이강 유역이며, 바이칼호로 유입되는 세렌가강과 바이칼호 호분으로 유입되는 336줄기의 하천도 결과적으로 예니세이강으로 합류하여 북극해로 흘러 들어간다. 결론적으로 바이칼호는 예니세이강 유역 범위 안에 있는 거대 호수라는 뜻이 된다.

한편 바이칼호 북서부에는 프리드바이칼스카야(предбайкальская)산맥, 바이칼스키(байкальский)산맥, 프리모르스산맥이 있다. 북부에는 제륜우란스키(делюн-уранский)산맥, 세베로무이스키(северо-муиский)산맥이 포진하고 있다. 북동부 호안에는 바르구진스키산맥과 병행하여 동쪽에는 이카트스키(икатский)산맥이 있다. 동부에는 울란부르가시산맥, 남동부에는 하마르다반산맥, 서부에는 바스토치니사얀(восточный саян)산맥이 포진하고 있다.

시베리아의 거의 중앙부에 자리 잡고 있는 바이칼호는 그 넓이가 자그마치 4만 6,000km^{2}이며 남북의 길이 639km에 동서의 폭은 최대 80km이며 보통 40~50km이다. 평균폭은 48km에 최대심도 1,637m, 평균심도 730m에 호안선의 둘레는 2,200km, 호면의 평균해발고도 455m이다.

호수의 투명도는 40.5m이며 유입되는 하천은 336줄기, 유역 넓이는 55만 6,000 km^{2}로 한반도의 2배에 이르며, 어느 것이나 담수호로서는 세계 제1이다. 표층수온은 여름철에 20℃ 이상, 400m 이하는 연중 3.3℃의 항온(恒溫)을 유지한다.

절단산각은 바이칼호 곡빙하의 유동하는 수준면과 거의 동일하므로 대칭적이며, 울란우데 북부 산지에서도, 심지어 올혼섬에서도 나타난다. 올혼섬 동부 산지, 즉 동쪽 호안의 절벽도 유동하는 바이칼호 곡빙하가 침식하였다는 것은 의심할 여지가 없는 현세적 자연사이다.

약 1만 년 전 안가라(뷔름) 빙기의 극적 후퇴로 안가라 순상지를 덮고 있던 육중하고 두터운 빙상과 바이칼호 곡빙하가 녹으면서 바이칼호 호분에 담수되고, 호분 중

바이칼호의 절단산각. 임시활주로 건너편은 올혼섬에서 바라보는 가장 규모 있고 아름다운 절단산각의 모습을 보여준다. 빙하지형을 전혀 이해하지 못하는 사람도 간단한 설명으로 이해할 수 있는 완벽한 절단산각의 표본 중의 표본이다.

가장 낮은 현재의 안가라강 유출구로 바이칼호의 호수가 넘쳐흘러 세계 최대의 담수호로 현재의 모습을 드러냈다.

현재의 바이칼호 서부 호역의 수심을 분석하여 보면 안가라강 유출부의 1,446m를 최심부로 평균수심 1,300~1,400m를 유지하며, 현세에 들어오면서 안가라(뷔름) 후빙기의 다우 현상으로 세렌가 삼각주와 전면의 호붕(湖棚)*을 형성하여 100m 이

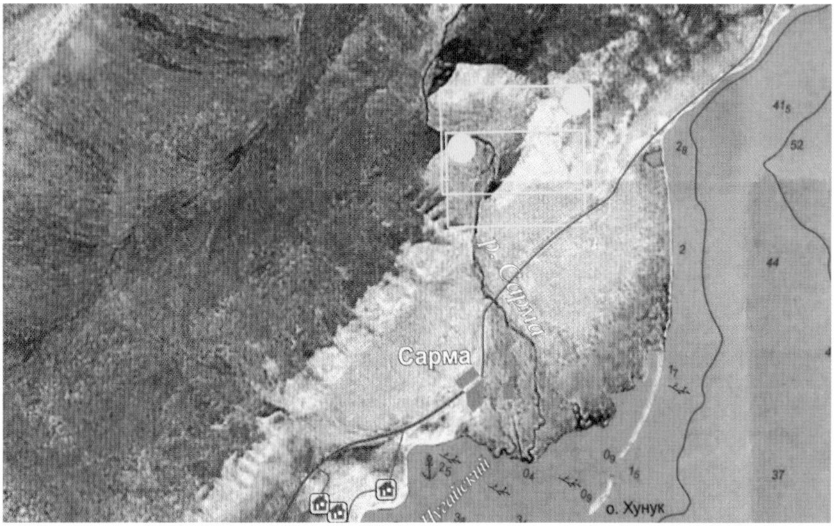

바이칼호 절단산각 위성지도. 올혼섬의 중심 촌락인 후쥐르 마을 건너편의 절단산각도 매우 아름답다. 위성사진으로 관찰하면 더욱 아름답고 같은 수준으로 도선장에서 바라보는 사르마(сарма) 촌락 배후의 절단산각이 더욱 눈길을 끌며, 사르마 하천을 끼고 동서로 같은 수준의 발달상을 보여준다.

바이칼호 올혼섬 위성지도. 올혼섬 동부 호안을 주의 깊게 관찰하여 보면 호안의 거의 90%가 절단산각을 나타내며 바이칼호 호분의 주된 곡빙하가 안가라(뷔름) 후빙기 중엽에는 거의 이곳으로 유동하였다는 사실을 쉽게 이해할 수 있다. 러시아의 학자들은 구조운동의 결과로 생성된 단층선으로 생각하나 빙하작용은 뷔름 후빙기인 극히 최근의 자연사이다.

내의 깊이를 나타내고 있다. 물론 1861년 바이칼호 주변에서 발생한 대지진으로 세렌가 삼각주의 310km^{2}가 활강하여 바이칼호 호저로 사라져 바이칼호의 연안류 및 파랑의 작용으로 호붕의 형성 및 확대에 또 다른 변수가 발생하였다는 사실도 부인할 수는 없다.

한편 올혼섬과 바이칼호 최대의 육계도 스뱌토이 노스(святой нос) 남쪽 호역이 최심부이며 1,500~1,600m 내외의 수심을 기록하고 있다. 스뱌토이 노스 육계도 북부 호역은 대체로 800m 내외의 수심을 이루어 거대한 바이칼 곡빙하가 현재의 북동 방향에서 남서 방향으로 안가라강 유출구를 향해 유동하는 과정과 안가라 빙상의 융빙 과정이 깊이 관련되어 있음을 시사한다.

노르웨이나 칠레 남부 또는 뉴질랜드 남쪽 섬의 피오르 협만의 수심은 상부에서 점진적으로 깊어져 중심부가 가장 깊고 바다로 유입되는 부분에서 다시 얕아지는 것을 보더라도 곡빙하의 활강과 침식 관계의 등식을 이해할 수 있을 것이다.

그러나 바이칼호는 바다와의 상관관계가 없는 대륙 내부의 판구조운동으로 생성된 거대 호수로 해면의 승강운동과는 무관하며, 빙하의 소실과 더불어 하강적으로 발달한 호수로 피오르 협만 등의 생성법칙은 적용되지 않는 것으로 생각할 수밖에 없다.

---

* 호붕(湖棚): 도붕(島棚)이나 호붕은 대륙붕에 비유하여 사용하는 말로 일종의 선반을 뜻한다.

Tip 5

빙하와 인간의 관계

빙하의 발달은 인간생활에 매우 큰 영향을 준다. 중위도 고기압대의 사막 주변에서 이루어지는 융빙수에 의한 오아시스 농업은 한때 지역적으로 풍요로운 지상의 낙원을 만들었다. 오아시스 농업은 가뭄과 홍수의 피해가 없는 안정된 관개수리 농업이다. 사막에서 생산되는 참외나 포도와 같은 과일은 당도가 높으며, 풍부한 일조와 높은 기온으로 병충해가 적다. 또 물이 귀하므로 파리를 비롯한 모기와 같은 해충들이 없어 농산물의 건조도 매우 위생적으로 이루어진다.

반면 사막 주변의 고산대에 쌓인 빙산이 무너져 도시를 폐허로 만들기도 하고, 수천 명의 인명을 순식간에 앗아가거나 계곡의 인조물과 자연계의 암석과 식생을 싹쓸이하여 인간에게 엄청난 재앙을 안겨주기도 한다. 최근에는 지구의 온난화로 빙하가 소실되어 물 부족으로 도시나 촌락이 폐허화하는 사례도 나타났다. 그뿐만 아니라 지구적 기온의 상승으로 융빙수가 빙식호를 만수시키고 빙식호 말단의 자연제방을 무너뜨려 벼락홍수가 계곡을 휩쓸어 큰 재앙을 안겨준 사례도 빈번하다. 이에 따라 정든 고향을 버리고 새로운 정착지로 삶의 터전을 옮기는 사례도 나타나 최근에는 큰 사회문제로 대두되었다.

1. 융빙수와 오아시스 농업

중국의 신장웨이우얼 자치구 지역 남쪽에는 쿤룬산맥이란 세계적 대산맥이 동서로 가로놓여 있고 중부에는 톈산산맥, 북부에는 알타이산맥이 있는데, 쿤룬산맥과 톈산산맥 사이에 발달한 사막이 한번 들어가면 살아서 나올 수 없다는 타클라마칸 사막이다.

타클라마칸 사막 남쪽에는 허톈(和田), 톈산산맥 남쪽 기슭에는 아커쑤(阿克蘇) 등 오아시스 도시가 자리를 잡고 있는데 그곳 사람들의 삶은 매우 풍요롭고 윤택하였다. 쿤룬산맥에서 흘러내리는 융빙수로 홍수와 가뭄 피해를 모르는 안정된 오아시스 농업을 하고 있기 때문이었다. 융빙수가 만들어놓은 사막의 선상지 선정에 심정을 굴착하고 카나트(qanat)란 지하의 유로를 만들어 수많은 천공에서 용수의 공급을 받는 인간의 지혜와 풍요로운 낙원을 필자는 1989년에 체험하였다.

2. 빙관빙하가 무너져 3,500여 명을 죽게 한 대재앙

1962년 1월 10일 페루 중부 안데스산맥의 우아스카란(Huascaran, 6768m) 산정에 발달한 불안정한 돌출된 빙관에서 300만 톤의 빙산이 무너지며 란라히르카(Ranrahirca) 마을 주변 지역의 남북으로 달리는 산속의 구조곡을 휩쓸어버린 참사가 눈 깜짝할 사이에 발생하였다.

우아스카란 빙봉에서 란라히르카 주변까지 14.5km를 빙산이 무너져 활강하는 데 소요된 시간은 불과 7분이었다. 시속 100km의 속도로 곡지의 모든 암석을 가루로 분쇄하며 빙괴와 더불어 골짜기의 인조물이나 자연물 가릴 것 없이 송두리째 뭉개버렸다. 눈사태가 지나간 후 얼음과 돌가루가 뒤범벅이 된 수렁으로 변하여 구조 활동을 불가능하게 함으로써 인구가 밀집된 비옥한 곡저평야를 순식간에 집어삼켰다. 란라히르카 부근 일대의 폐허는 20세기 최악의 눈사태로 기록되었다(Arthur L. Bloom이 저술한 *The Surface of the Earth*, 1969, p.45를 참고했음).

06

바이칼호 주변의 지질과 지형

게오로기치스카야 카르타 리스프부리기 부랴치야(геологическая карта республики Бурятия)

앞의 그림은 부랴트 자치공화국의 지질도이다. 컴퓨터에 입력하고 확대해 보면 판독이 가능하나 책 속의 지질도는 태세를 파악하는 용도이므로 양해해주기를 바란다. 안가라강 유출구 우안 리스트뱐카에 입지한 바이칼 박물관 벽면에 붙어 있는 지질도를 찍은 사진에 별도로 지질도의 범례를 찍은 사진을 확대해 넣었다.

바이칼호 주변의 지질

바이칼호 호분 주변의 지질은 바이칼호 북서부의 바이칼산맥으로부터 시작하여 남서부의 프리모르스키산맥에 이르며, 다시 바이칼호 북동부의 바르구진스키산맥과 남동부의 하마르다반산맥을 거쳐 몬드이 이르쿠트(монды иркут) 계곡에 이르는 순서에 따라 개관하려고 한다.

바이칼호 북부의 베르항가라(верхангара)강 하구부의 저습지대는 신기하성층으로 충적층이 넓게 분포하는 동시에 플라이스토세 말의 최종 빙기인 유럽에서는 뷔름 빙기, 북미 대륙에서는 위스콘신 빙기, 바이칼호에서는 가칭 안가라(뷔름) 빙기가 후퇴하며 빙력토 평원을 만들었다.

따라서 이 지역에는 베르항가라 분지와 베르항가라강 하류부에 전개되는 넓은 충적지대의 범람원 지형은 충적층과 빙하가 운반한 빙력토 평원(wash plain)상에 각종 빙하성 미지형인 kame이나 Knob을 비롯하여 미아석(迷兒石) 등이 널려 있어 특별한 연구 필드가 될 수 있다고 필자는 전망한다.

다음으로 니쥐네안가르스크(нижнеангарск)에서 시베로바이카리스크(северобай-кальск)를 지나 톤키(тонкий) 갑에 이르는 넓은 지역은 원생계 말의 리피(рифей)*

층이 바이칼산맥의 대부분 지역을 덮고 있다.

O. T. Rusinek, G. F. Ufimtsev, V. A. Fialkov가 2011년에 저술한 *BAIKAL*의 photo28에서는 바이칼 누층군(Baikal complex)의 변성된 견고한 셰일층의 수마력의 납작한 조약돌을 주워 모아 바이칼호 호안에 토템 폴을 쌓아올린 Riphean sediments의 기적을 볼 수 있다.

이는 안가라 순상지의 영향권에 있음을 보여주며, 여기에 실루리아계의 각섬암과 운모편암질 화강암이 렐(рель)천 하구에서 카체리니카브스키(котельниковский) 갑에 이르는 바이칼호 연안지대를 덮으며 바이칼산맥의 체르스코가(черского) 산지에까지 이른다.

올혼섬 건너편의 프리바이칼스키 국립공원 내에서는 중생대 후기에 관입한 심성암인 화강암과 섬록암이 모암을 접촉 변성하여 청록색을 띤 아마조나이트(Amazonite)**를 산출하며, 품질이 좋은 것은 비취(jade)를 대용해 보석 가공공업이 이르쿠츠크 시에 발달하기도 하였다.

이하 좁고 긴 프리모르스키산맥을 따라 남하하다가 부구리제이카 강구에서 크레스모부스키(кресмовский) 갑의 연안지대에 백악기 초의 담수(limnetic)*** 기원의 육

---

* 리피(рифей): Riphean은 지질시대, Ripheides는 암석. 원생대 말의 지질시대를 지칭하며 러시아의 학자들이 가끔 사용하는 리피계이다. Sinian이나 Baikalian과 거의 같은 뜻으로 사용되는 경우도 많다. 리피층은 상, 중, 하의 3층으로 세분된다.

** 아마조나이트(Amazonite, Амазонит): 보통 Amazone stone으로 불리는 사장석의 일종으로 녹청색을 띠며 천하석(天河石)이란 별명도 있다. 브라질에서 처음 발견되고 주산지는 인도이다. 러시아의 우랄 산지 지방과 바이칼호 올혼섬 건너편에서 산출되며 비취 대용품으로 목걸이 등 장신구를 만든다.

*** 담수(Limnetic, пресноводный): 담수산 규조류, 연체동물, 곤충류, 어류 등을 망라한 호소나 하천 등 담수 환경에 서식하는 생물에 대한 총칭적 용어로 러시아 학자들은 전술한 담수산 화석이 발견되는 육성층에 대해서도 사용하며 크레스모부스키(Кресмовский) 갑 연안지대에 발달하였다.

성 퇴적층인 역암층과 사암층이 발달하며 안가라 강구에 이른다.

안가라강 유출구 좌안에는 mid Lopian인 원생계의 변성퇴적암이 분포하는 것으로 총체적으로 바이칼호 북서부와 남서부 연안의 지표 지질은 비교적 단순한 캄브리아기 이전의 원생계 말의 고기지층으로 피복된 것으로 마무리할 수 있다.

반면 바이칼호 북동부 호안과 남동부 호안의 지질을 살펴보면, 바르구진산맥 이서 지역인 바이칼호 북동 연안은 하부 Riphean(рифей)인 원생계 말기층 최하부로 Ripheides로 지표지질은 반류암질 페그마타이트(pegmatites)가 분포하며 이와 연속하여 시원층인 Archean*이 분포한다.

Archean 최상부인 Okhon(охон) 퇴적암계의 대리석과 휘석 그리고 휘석 호른휄스상을 나타내며 바르구진산맥 남부에서 프-오브 스뱌토이 노스 육계도까지는 후기 실루리아계(Silurian system)의 드쥐딘스키(джидинский) 퇴적암인 처트(chert)나 쇄설암 sequence** 누층군을 이루고 있다.

한편 호중도 올혼섬 북동부는 화산사성 신기풍성사층이 넓은 범위에 걸쳐 분포하며, 세렌가 하곡 및 세렌가 델타지역은 신기하성층으로 피복되어 있다. 올혼섬 북동부의 화산사성 풍성층은 차량이 지나가는 대로 도로가 개설되는 흥미로운 현상도 나타난다.

아울러 아프리카 대지구대의 단열대에는 50만km^2의 현무암의 열하분출을 기록하

---

* Archean(始生界): 선캄브리아 시대는 3개로 구분되며, 고도로 변성된 쇄설암류를 심성암이 관입한 접촉부의 녹색 편암상과 주변부의 각섬암상으로 변성된 녹색 암대와 화강암의 관입으로 생성된 녹색 암대 및 비알칼리화산암인 tholeiite 현무암대 등으로 구분한다.

** 쇄설암 sequence: 퇴적암의 암상이나 퇴적상의 누층관계를 나타내는 층서학적 용어이며, 현재는 퇴적암 누층관계(facies succession)라는 용어로 대체하고 있다.

활주로 북쪽 골짜기에 두텁게 피복된 풍성사층으로 이루어진 계곡. 측벽에 지반의 함몰역전(slumping)으로 사태층이 생긴 것이 보인다. 몇 동의 별장이 절벽 위에 아슬아슬하게 걸쳐 있다(상).
올혼섬 최북단의 하보이(хабои) 갑 일대에 넓고 두텁게 피복되어 있는 풍성사층은 폭풍 같은 무서운 바람에도 현상을 잘 유지하고 있다. 차가 지나가는 대로 새로운 길이 열리는 기이한 풍성사는 화산재 기원과 규석의 박리현상으로 필자는 생각하고 있다(하).

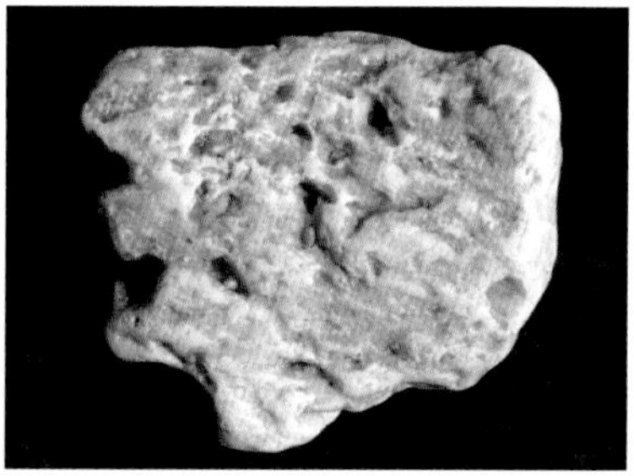

작은 규석 표본을 서울까지 가지고 왔다. 백옥 같은 규석 시료는 후쥐르 마을 바이칼호 호변에서 채집하였는데 용식된 특이한 모습의 다공질 시료이다. 용식공에 끼어든 이질암의 구상체는 바이칼호의 정령을 요술 주머니에 담아 온 것 같은 신비한 인상을 주기에 충분하다.

고 있으나 바이칼 단열대에는 고작 6,000km^{2}의 현무암의 열하분출이 있을 뿐, 아프리카 대지구대의 83분의 1에 불과할 정도로 열류량은 매우 적은 것으로 기록되고 있다.

바이칼호 남서부 호안은 화산 분출과 관련된 화산사성 미고결의 사층과 현무암층이 공존하며, 바이칼호의 연안 표사 현상으로 도처에 사빈해안을 만들어 여름철 관광객에게 계절적 즐거움을 주기도 한다.

필자는 울란우데 과학아카데미 시베리아 지부에서 제작한 지질도를 검토하고 다음과 같은 의견을 개진한다. 바이칼호는 유라시아판과 아무르판이 서로 남북으로 당겨진 단열대(斷裂帶)에 생성된 구조호로, 궁상(弓狀)으로 휘어진 거대 담수호이며 현재까지도 활동하고 있다.

바이칼호 최북단의 하천 베르항가라강* 하류부의 넓은 범람원 저습지대의 Вам 철

* 베르항가라강: 바이칼호 최북단의 광대한 저습평원으로 유입되는 하천. 중류의 좁은 애구(隘口)를 거슬러 올라가 광대한 베르항가라 분지에 이르면 거대한 빙력토 평원이 펼쳐지는데 이곳에는 다양한 형태의 빙하성 퇴적지형과 함께 미아석도 나타난다. 그뿐만 아니라 플라이스토세 말에서 홀로세 초에 걸친 용암의 열하분출과 관련된 화산재와 응회암이 발달하며 바이칼호 서부의 훕수굴호 동부에서 열하분출된 용암과 화산재가 바이칼호의 넓은 지역을 덮은 것으로 추리된다.

도 기착역인 키네라(кинера)와 베르항가라강 상류 쪽의 베르항가라 분지의 중심도시인 56°08′26″N, 111°43′56″E에 입지한 노브 아얀(нов уаян) 일대의 지형을 개관하여 본다.

노브 아얀 시를 중심한 광대한 베르항가라 분지 내에는 플라이오세의 화산활동으로 분출된 현무암(basalt)*과 응회암(tuff)** 층이 넓게 분포하는 것으로 기재되어 있고, 이들 광대한 분지 내의 빙력토 평원상에는 빙하성 퇴석지형과 심지어 미아석까지 관찰된다.

한편 바이칼호와 성인이 같은 몽골 북부에 자리 잡은 흡수굴(хубсугул) 구조호 동쪽 대상지(台狀地)를 중심으로 넓게 분포한 플라이오세의 열하분출에 의한 현무암과 화산재(volcanic ash)의 퇴적이 확인되며 51°09′18″N, 100°59′39″E의 교선을 중심으로 현무암의 주상절리도 발달하고 있다.

따라서 바이칼호를 중심으로 발달한 화산회성 풍성층은 전술한 두 곳인 바이칼호 북동부의 베르항가라 분지와 바이칼호 남서부의 흡수굴호를 중심한 제3기 말의 플라이오세에서 제4기 초의 플라이스토세(경신세)에 걸쳐 세계적으로 활발하였던 화산활동은 바이칼호와 올혼섬 및 바이칼호 남동부의 풍성사층과 밀접하게 관련되어 있다고 생각한다.

---

* 현무암(basalt): 고철질(苦鐵質) 화산암의 총칭적 용어. 암석 전체가 유리질이 풍부하며 넓은 뜻으로 알칼리감람석 현무암과 알칼리현무암을 포함하고 있다. 현무암은 세계적으로 가장 넓은 분포를 보이는 암석이며 우리나라에서는 제주도와 철원, 연천, 전곡 등지가 대표적 사례 지역이다.

** 응회암(tuff): 화산재가 굳어져 만들어진 일종의 화산성 풍성퇴적암이다. 응회암층의 퇴적상으로 화산 폭발의 성질을 파악하는 데 도움이 된다. 우리나라 제주도 성산일출봉 남동 사면의 응회암 파식애는 화산 폭발의 규모와 빈도를 파악하는 데 좋은 연구대상이 된다.

이들 지역, 즉 바이칼호 북동부의 노브 아얀 분지와 바이칼호 남서부의 흡수굴호 주변은 지리적 위치상 플라이스토세 말에서 홀로세(충적세) 초에 걸친 계절적 탁월풍과 편서풍의 영향으로 바이칼호 주변 지역 도처에 화산사성 풍성층을 거의 연중 퇴적한 것으로 필자는 추리하고 있다.

끝으로 바이칼호 주변을 덮고 있는 원생계의 퇴적암은 바이칼 암군(Baikal complex)*으로 중국의 Sinian formation**과 일맥상통하며 쩐단계(震旦系) 그리고 칭바이커우계(靑白口系)와 대비된다. 주된 구성암으로 천매암질 셰일과 점판암, 사암, 석회암, 백운암 등도 함께 분포하고 있다.

바이칼호의 호중도 올혼섬과 중심 촌락 후쥐르 마을

바이칼호에는 모두 27개의 섬이 있으나 그중 최대의 섬은 올혼섬이다. 남북의 길이 72km, 평균폭 15km, 넓이 730km^2로 우리나라 제주도의 5분의 2 크기이다. 섬의 지질은 중부 원생계인 mid Lopian에 속한다.

섬에 거주하는 주민의 수는 1,500여 명으로 제주도의 50만 인구에 비하면 비교의 대상이 되지 않으나 열악한 기후조건과 환경조건을 생각하면 그리 적은 수는 아니

---

* 바이칼 암군(Baikal complex): 시베리아 탁상지 남부, 즉 바이칼호 주변 특히 동쪽에 분포하는 선캄브리아계 말기의 암층군으로 천매암, 셰일, 점판암, 사암, 석회암, 백운암 등으로 구성되며 석회조 화석을 산출한다. 층후는 약 1000m이며 중국의 쩐단계(震旦系)와 대비된다.

** Sinian formation: 중국의 쩐단계는 양쯔강(揚子江) 싼샤(三峽)의 창청(長城) 층군, 톈진 북방의 찌셴(薊縣) 층군, 칭바이커우(靑白口) 층군 등 3군으로 구분된다. 주로 천해(淺海)성 쇄설암과 탄산염암으로 구성되고 풍부한 화석을 산출하며 러시아의 Riphean과 대비된다.

후쥐르 마을 전경. 무질서하게 제멋대로 입지한 것 같지만 시가지 계획을 하고 가로명을 붙이고 마을 정부와 법원, 학교와 우체국, 박물관, 병원, 약방, 매점, 인터넷 서비스점 등 모든 편의시설과 안내시설 및 촌락의 기념비 등을 갖추고 있다.

라고 할 수 있다. 거주민은 주로 어업과 목축업에 종사하며 최근에는 관광산업에 눈을 뜨기 시작하였다

섬 안에는 후쥐르(хужир) 마을을 머리로 하여 북쪽에는 하란치(харанчы) 마을, 하르가이(халгай) 마을, 우주리(узуры) 마을이 있고, 남쪽으로는 말후쥐르(мал. хужир) 마을을 비롯하여 얄가(яалга) 마을, 하다이(хадаи) 마을, 자리드(залид) 마을 등이 있다.

관광산업에 눈을 뜨면서 환경오염이란 심각한 문제에 직면하고 있지만 섬을 찾는

샤먼 바위. 후쥐르 마을 북쪽 호변에 돌출한 2개의 봉우리로 호파의 침식으로 만들어진 돌산이다. 몽골제국의 태조 칭기즈 칸(1167~1227)의 무덤이 있다는 전설이 있으나 그럴 만한 공간은 없다. 그저 무당들의 정령 숭배를 신성시하는 터전일 뿐이다(상).
무당마을. 샤먼 바위에서 후쥐르 마을로 돌아오는 길목 모래밭에서 남쪽을 바라보면 보이는 울긋불긋한 청록색의 지붕과 주황색, 밤색 등으로 색칠한 일단의 산촌(散村)이다. 별로 안정감 없는 침울한 색조에 우리는 호감을 느끼지 못하였다(하).

농구 코트. 후쥐르 마을 북부 호변 사빈에 이상한 말뚝들이 박혀 있다. 마을 청년들이 말뚝에 끈을 매고 농구 연습을 하는 코트로, 때로는 방문객과 친선경기도 이루어지는 것 같다. 사진 전면에는 유상구조토가 펼쳐진다.

파도가 쉴 새 없이 밀려드는 호변. 모난 돌이 다듬어져 둥근 돌로 다시 태어나는 호변에서 필자가 시료를 채취하고 있다.

소박하게 각목으로 만들어낸 누어 쉬는 소. 주로 유목과 농업에 종사하는 부랴트 사람들의 전통 예술작품인 듯한데 뿔만은 각목으로 표현하기가 불가능한지 송아지 뿔로 대체되었다(좌).
아침 식탁. 바이칼호 최대의 올혼섬 호텔에서 무료로 제공되는 소박한 아침이다. 귀리죽, 귀리빵, 치즈, 삶은 계란 등으로 식성에 따라 귀리죽에 설탕을 넣으면 먹을 만했고 영양가도 충분해 보였으나 채소가 없었다(우).

사람들이나 마을 주민 모두 별로 신경을 쓰지 않는다. 바이칼호를 지키기 위한 행정적 조치가 하루빨리 취해지길 기대한다. 상하수도를 비롯한 오수 정화시설 등 개선과 환경미화 대책 역시 시급한 과제로 부상하였다.

필자가 이정면 교수를 만난 것은 1966년 여름철 어느 날로 기억한다. 만난 지 불과 5개월 만에 이 교수는 도쿄에서 개최되는 태평양 학술회의에 한국의 지리학자로 참석하여 위성사진을 통한 토지이용에 관한 발표를 하였다. 이 대회에는 말레이시아 쿠알라룸푸르 국립대학의 지리학자 총장이 참가하였는데, 이정면 교수의 발표가 마음에 든 그는 말레이시아로 귀국한 후 즉시 쿠알라룸푸르 대학의 교수로 이 교수를 초빙하게 되었다. 이정면 교수는 경희대학교 교수직을 사임하고 말레이시아의 수도 쿠알라룸푸르로 가족과 함께 이민하였다.

필자와 이정면 교수(왼쪽). 후쥐르 마을 간판 아래에서 노익장을 과시하고 있다.

이후 이 교수는 미국 서부의 프레즈노 대학을 거쳐 유타 대학교에서 정년퇴임하였다. 현재는 유타 대학교 종신명예교수로 90의 나이에도 불구하고 활발한 학술활동을 계속하고 있다. 필자와는 기술개발공사 지리조사부 사외부장과 실무자라는 짧은 인연이지만 우의는 오늘날까지 이어졌고, 이제 반세기 만에 함께 시베리아로 지리조사를 왔다.

우주리 마을은 기상대 마을로 태양력을 이용한 축전지로 24시간 내내 기온과 강수량, 풍속과 풍향, 지진 등을 자기계로 기록하고 있다. 사람은 보이지 않았는데 후쥐르 마을에서 출퇴근하며 관리하는 것이 아닌가 짐작해보았다.

올혼섬 유일의 수마력(水磨礫)* 호안

바이칼호는 바다와 같이 넓은 거대 담수호로 항구로 들어오는 선박의 돛대부터 보이기 시작하다가 선체가 보이는 것처럼 지구가 둥글다는 증거의 원호를 보여준다.

---

* 수마력(水磨礫): 수마력에는 세 가지 유형이 있다. 첫째는 강가에 풍성하게 널려 있는 크고 작은 둥근 자갈, 둘째는 바닷가의 수마력으로 암석해안 근처에는 어디를 가나 풍성하게 널려 있다. 셋째는 호안의 자갈로서 바다와 같이 넓은 호수는 파랑의 작용도 거세므로 수마력을 생성한다.

호안으로 밀려드는 파도에 모난 돌이 다듬어져 원마도 높은 둥근 자갈이 되었다. 우주리 마을의 호변은 올혼섬 유일의 수마력 호안을 이루고 있다.

이와 같은 거대 호수는 미약한 조석도 있을 것으로 예상되며, 기상대 앞 호안은 파랑의 작용 또한 거센 것 같다.

올혼섬 최북단 하보이(хабой) 갑에서 동쪽 호안 절벽 위로 약 10km 남쪽에 있는 우주리 마을은 올혼섬 유일의 기상대 마을로 간이 기상관측을 하고 있다. 호변은 올혼섬 유일의 수마력(水磨礫) 호안을 이루어 파도가 거셈을 보여준다.

호중도 올혼섬의 호중호* 사라눌과 누쿠눌

올혼섬에서는 어디를 가나 플라이스토세의 최종 빙기에 빙하가 할퀴고 지나간 흔적들이 눈에 뜨인다. 그중에서도 섬 동쪽의 거의 단애로 된 절단산각이 두드러지며, 이 절단산각은 스뱌토이 노스 육계도 서부 호안에 발달한 호안 단애들과 거의 같은 수준면상에 발달한다.

또한 올혼섬의 어디에서든 동쪽에 치우친 등줄 산맥 이서지역에는 돈배상(豚背狀)의 능선과 넓은 U자곡, 그리고 곡저에 극히 작은 V자곡이 생성된 것을 볼 수 있다. 안가라(뷔름) 빙기의 극적인 후퇴로 빙괴가 활강하면서 굴식 작용을 함에 따라 만들어진 와지에 물이 고여 호중호(湖中湖)를 만들었다.

이미 호소로서의 일생을 마친 호분화된 지난날의 호소와 사라눌(шара-нур)처럼 건기에 바닥을 드러내고 우기에 담수되는 계절호로 변한 것, 누쿠눌(нуку-нур)처럼 깊은 수심을 유지하는 호중호가 남아 있다. 사라눌의 지질은 중부 원생계의 Lopian 이며, 누쿠눌의 지질은 주인스카야(жуинская) 퇴적암의 사암과 역암으로 구성되어 있다.

사라눌은 계절호이며 우리가 방문한 9월 21일 오후에는 호소의 바닥이 드러나 어디든 마음대로 오갈 수 있었다. 호소 바닥은 거북의 등처럼 말라붙었고, 소금 같은 흰 결정체가 진흙 위를 덮고 있었다. 호소의 둘레는 약 500m였다.

---

* 호중호(湖中湖, lake in lake): 바이칼호 최대의 섬인 올혼섬 내에는 빙식호와 석호(潟湖) 등 두 가지 유형의 호수가 있는데 빙식호는 빙기가 후퇴하며 만든 것이다. 이미 호분화된 것과 계절호 그리고 영구호가 있는데 호수 속의 섬에 생성되었다는 점에서 매우 희귀하며 학술적 의의를 지닌다.

사라눌 주변 산지에서 내려오는 길에 만난 득남 기원 샤먼(shaman)의 목신. 이목구비도 뚜렷한데 눈이 잘 보이지 않는지 눈에는 알 없는 금테 안경을 씌웠다. 많은 여성 방문객들이 아들을 낳게 해달라고 시주하며 기원한 흔적이 남아 있다. 소박한 원시신앙의 한 단면을 보여준다.

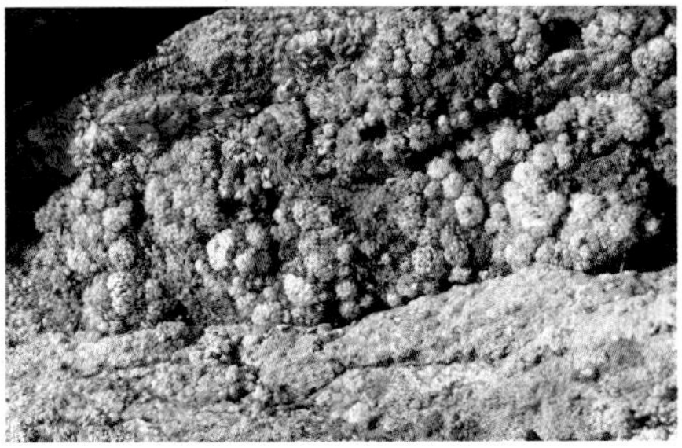

오래된 결정질편마암 지층 사이의 풍화면에 번식한 이끼류의 화려한 꽃송이 같은 모습. 만발을 기다리는 국화 송이나 금방 날아와 앉은 흰나비와 같은 모습이 사진에 담겨 있다. 모암인 규질암 표면에는 금박을 뿌려놓은 듯 황금색 바위옷도 기생하고 있었다.

사라눌은 주변 산지에서 안가라(뷔름) 후빙기에 빙괴가 활강하며 굴식한 와지에 물이 고여 생성된 일종의 빙식호이다. 만수된 호면에 철새들이 날아온 사진을 관광안내지에 게재한 것으로 보아 7~8월의 우기에는 제법 호수다운 면모를 보여주는 것으로 생각할 수 있다.

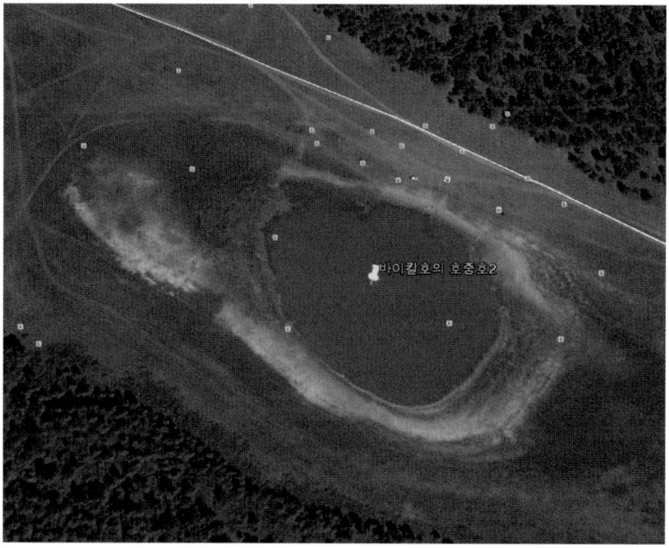

사라눌. 아래는 위성사진

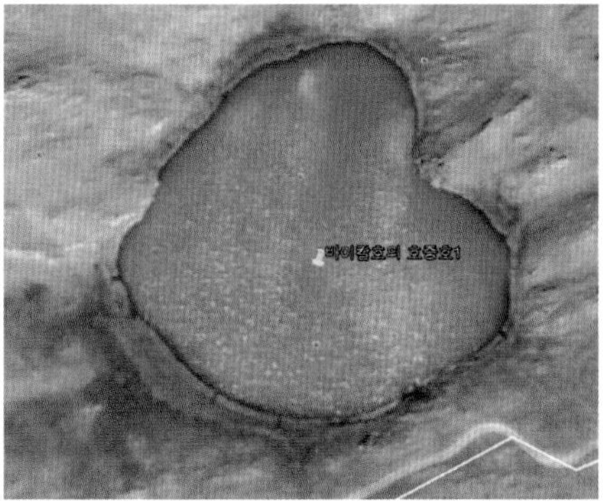

누쿠눌. 아래는 위성사진

누쿠눌은 서북쪽 200m에 있는 표고 70m의 비교적 높은 산지에서 안가라(뷔름) 후빙기에 빙괴가 활강하며 굴식한 와지에 물이 고여 생성된 일종의 빙식호이다. 수심은 깊으며 바이칼호 호수면과 거의 같은 수준면으로 우기와 건기에 상관없이 만수되는 영구호로 특별히 보존할 가치가 있는 것으로 생각되었다. 호소 주변에는 빙하가 물러가면서 남긴 암석혹과 암설이 많으며 호소의 둘레는 약 430m였다.

바이칼호 곡빙하가 잘라낸 프리모르스키 절단산각

다음은 필자가 바이칼호의 구글어스 위성사진 지도를 정밀하게 관찰한 결과이다.
북쪽은 바이칼스키산맥 북부 Baм 철도의 중요한 역인 시베로바이칼스크(северобайкальск) 북방의 티야(тыя)천 계곡의 곡두로부터 곡빙하의 침식지형, 특히 산각부의 빙하성 침식지형을 추적하여 보았다.
공교롭게도 티야천 곡두에서 바이칼스키산맥과 연속되는 프리모르스키산맥을 거쳐 안가라강 유출구까지 장장 600km에 이르는 전 구간이 빙하의 침식지형과 퇴적지형으로 일관되게 발달하고 있음을 확인할 수 있었다.
러시아 지각연구소 시베리아지부의 N. I. Akulov와 M. N. Rubtsova의 "Deposits from the Glacial Age at Lake Baikal"이란 논문에 의하면 여러 가지 형태의 빙하의 퇴적지형으로 드럼린과 빙하성 조선(striation)이 나타나는 돌덩어리, 심지어 빙하가 운반한 이질암(異質岩) 미아석까지 보여주고 있으나 필자가 주장하는 절단산각에 대해서는 한마디의 언급도 없이 단층선으로 덮어 버린다.
특히 올혼섬 임시 활주로 건너편 17km에 발달한 절단산각이 가장 보기 좋은 발달상을 보였다. 또한 올혼섬 도선장 부근의 사르마(сарма)천에서 부구리제이카천 어귀에 이르는 80km 구간에 전개되는 고도 600~700m 수준면의 구시대의 절단산각은 위성사진상으로 관찰하여도 명확한 절단산각임에도 불구하고 단층선으로 취급

임시 활주로에서 17km 건너편 바이칼산맥의 산각을 안가라(뷔름) 후빙기에 바이칼 곡빙하가 유동하며 잘라낸 절단산각. 매우 아름다운 모습으로 누구나 빙하의 침식 영력(營力)의 위대함을 이해할 수 있다.

된다.

러시아의 지구과학자들은 무수한 구조선, 즉 단층선으로 바이칼호의 지질학적 구조적 성인에만 집착하고 있으며, 이 지역의 빙기와 관련된 연구에는 관심을 두지 않고 있다. 범지구적인 플라이스토세 말의 빙기와 간빙기의 역사는 이 지역이라고 예외가 될 수는 없다.

러시아의 지구과학자들은 올혼섬 건너편의 곡빙하의 침식지형 절단산각을 오부르체브(обручев) 단층으로 명명하고, 곡지에서 평지로 나오는 곳에 충적선상지

(alluvial fan)*를 만들었다고 기재하였으며, 부구리제이카 강구의 배후지에 이르기까지 단층선의 지속적 발달을 설명하고 있다.

빙하가 절단한 침식지형 절단산각을 단층과 풍화로 인한 삼각지형으로 표현하거나 심지어 바이칼호의 수위 변화를 말하고 있다. 또한 바르구진산맥 서사면의 바이칼호 호변에 U자곡과 연속되는 바이칼호 호저의 피오르 지형을 말하고 있는데, 이것은 빙하지형의 하강적 진화 과정을 생각하지 못한 오류이다.

반면 수림에 뒤덮인 산기슭을 굴삭기로 파헤치며 빙퇴석 언덕과 빙하가 먼 곳에서 운반하여온 이질암인 미아석을 찾고 있으니 아이러니한 측면 또한 없지 않다. 바이칼호 주변 산지에는 다양한 빙하의 침식지형과 퇴적지형이 풍성하게 발달되어 있다.

바이칼스키산맥, 바르구진스키산맥의 우수한 빙식지형 권곡(kar)과 호른(horn), 빙식호와 즐상 능선(comb ridge), U자곡, 그리고 베르항가라강 유역의 빙력토 평원과 바르구진강 하곡에 펼쳐지는 빙력토 평원상의 빙퇴석지형과 미아석 등 다양한 빙하지형이 전개되고 있다.

이것은 플라이스토세 최종 빙기에 바이칼 곡빙하가 잘라낸 위대한 힘의 잔영(殘影)이다. 이처럼 바이칼 곡빙하는 올혼섬은 물론 도처에 빙하가 할퀴고 지나간 유존 지형들을 남겨놓았다. 참으로 빙하의 파괴력과 건설력 등 자연의 위대한 영력(營力)은 우리의 상상을 초월한다.

---

* 충적선상지(alluvial fan): 골짜기 어귀에 부채꼴 모양으로 발달한 퇴적지형. 좁은 골짜기를 흐르던 하천이 곡저평야(谷底平野)에 이르면 유속이 느려져 운반 물질을 퇴적하는데, 그 확산되는 모양이 부채꼴이라고 해서 충적선상지라고 한다. 부채꼴 지형의 정상을 선정, 중앙을 선앙, 말단을 선단으로 분류한다.

플라이스토세 말의 안가라(비름) 빙기에 아무르 곡빙하가 잘라낸 아무르강 좌안의 절단산각이다. 겨울철 아무르 하곡을 따라 답사한다면 무수한 절단산각을 기록할 수 있을 것 같다(좌).
중화인민공화국 국경경비대의 호의로 6층 망루에 올라가 러시아의 아무르강 가에 자리 잡은 이그나쉬나 마을을 촬영한 것이다. 바야흐로 저녁때로 많은 집 굴뚝에서 연기가 피어오름을 볼 수 있다. 가장 편리하고 손쉽게 얻을 수 있는 연료가 장작인 것 같다(우).

러시아 아무르스카야주 이그나쉬나 마을의 절단산각

필자는 1992년 12월 중국의 극북 모허췬(幕河村)을 답사하였다. 이 마을 아무르강 건너편에 노령(露領) 이꺼노시노(伊格納施諾) 이그나쉬나(игнашийно)* 마을이 있는데, 아무르강 좌안에 발달한 아무르 곡빙하가 물러가며 잘라낸 훌륭한 절단산각을 보았다. 이 내용은 2004년에 펴낸 『지리학 삼부자의 중국 지리 답사기』 상권에 기재하였다. 아무르강에서 절단산각을 바라보며 아무르강의 채빙 현장도 보고 중화인민공화국 중러국경 경비대의 호의로 6층 망루에 올라가 찍은 이그나쉬노 마을 전경이다. 한창 저녁 준비로 굴뚝의 연기가 피어오를 때였다.

---

* 이꺼노시노(伊格納施諾)는 중국지명사전의 표기이고 이그나쉬나(игнашийно)는 작은 마을이며 러시아 쪽 기록상으로 찾아볼 길이 없다. 필자가 중국식 발음과 러시아식 발음을 절충하여 두 나라의 발음을 러시아식 발음으로 전환하여 표기하였는데 거의 정확하다고 생각한다.

올혼섬의 아기 무덤이나 혹처럼 생긴 유상구조토

유상구조토란 빙하 주변 지역이나 동토 지역의 작은 미지형으로 통상 모래나 진흙으로 이루어진 땅에 생성되는 규칙성 있는 무늬를 가진 일종의 구조적 성인의 토양이다. 되풀이되는 결빙과 융해로 인한 기하학적 모양을 보이는 것을 기본으로, 때로는 여러 가지 모양으로도 나타난다. 즉, 둥근형(circles), 기하학적 각형(polygon), 그물망형(nets), 줄무늬형(stripes), 단상형(terrace), 아기 무덤형(mound) 등 여러 가지 모양을 나타내는데, 이는 모재의 구성 물질과 결빙과 융해에 따른 온도 조건과의 밀접한 관련하에 생성된 것으로 알려져 있다.

한국 사람으로는 독일 본 대학에 유학한 고 김도정 교수의 아이슬란드의 구조토(Strukturboden) 연구(박사학위논문)가 있고, 미국 워싱턴 대학의 A. L. Washburn 교수와 H. M. French 교수의 빙하 주변 환경에 대한 연구에 구체적으로 구조토가 소개되어 있다.

올혼섬 호변의 모래사장 잔디로 덮인 곳에 있는 구조토는 아기 무덤 같은 모양으로, 그 규모는 높이 20cm에서 큰 것은 거의 50cm에 이르며 넓이는 30~90cm이다. 배후지 호텔 근처에 있는 것은 유기질이 많은 진흙질로 높이 20cm, 넓이 20cm의 균질성을 나타내고 있었다.

한편 내륙 산간지대인 말라붙은 호분(우기에만 담수되는 계절호) 사라눌 호심부의 구조토는 거북의 등딱지 모양과 비슷하게 갈라진 귀갑석(septaria)을 닮은 화형(花形) 구조토이다. 필자가 구조토 위에 말라붙은 흰 가루가 소금인지 확인하려고 맛을 보니 혀끝이 마비될 정도로 심한 알칼리성을 나타내고 있었다. 다른 방문자는 사

바이칼호 호안의 모래사장에 집중적으로 발달되어 있는 아기 무덤형 구조토. 융해와 결빙이 되풀이되며 세립질 모래를 밀어올려 사총(沙塚)을 만들었다. 다만 이때에 잔디와 같은 볏과 식물의 뿌리가 사총이나 이총(泥塚) 형성에 깊이 관여하는 것으로 관찰되었다.

호텔 근처의 유상구조토와 근접사진. 호변의 사질구조토와 달리 모재가 진흙질로 되어 있다. 결빙과 융해의 되풀이로 미세한 유기질이 많은 진흙이 밀어 올려져 만들어진 것으로 추리되며, 바이칼호 호변의 사질구조토와 현저한 차이가 있었다. 저변과 높이가 거의 비슷한 유상구조토는 일종의 혹처럼 생긴 것 외에도 여러 가지 유형이 보고되어 있다. 유(瘤)는 혹이란 뜻을 지닌다.

사라눌 화형구조토. 사라눌 호수는 일종의 계절호로 건기에 말라붙으면 흰 결정체가 진흙과 더불어 기하학적 무늬로 표면을 덮는데, 흰 결정체는 강한 알칼리성을 띠고 있었다.

올혼섬 최북단 하보이 갑의 규질암과 표면의 갈색 바위옷. 바이칼호 최대의 올혼섬은 어디를 가나 화산사 기원의 사질 토양이다. 바이칼호 호변에는 사주의 발달이 현저하며 우수한 호빈과 사주 및 사취(sand spit) 그리고 석호와 사구(sand dune)의 발달을 볼 수 있다. 그러나 사원 암석인 화강암은 심한 풍화작용 및 변성작용으로 식별하기가 어렵다.

라눌 호저의 진흙으로 관절염 찜질을 하면 특효가 있지만 심장에 해독을 끼친다고 증언하였다. 이 부분에 대해서는 관할 관공서의 분석연구가 필요하다.

부근 일대의 지표 지질을 살펴보면 시생계 후기와 원생계 초기의 암석으로 구성되었다. 그러나 신생대 제3기 말과 제4기 초의 화산작용으로 분출된 화산사 기원의 사질풍성토가 피복하고 있어 사구지(沙丘地)를 이루며 넓은 지역이 풍성사층으로 피복되어 있을 뿐만 아니라 훌륭한 사빈호안을 이루고 있다.

하보이 갑과 올혼섬을 뒤덮고 있는 풍성사질토

올혼섬 최북단의 하보이 갑 일대에는 두터운 미고결의 풍성사질토가 덮여 있는데 모진 강풍에도 흔들림 없이 현상이 잘 유지되며 차량이 지나가는 대로 새로운 도로가 개설되는 기이한 현상이 연출된다.

이 풍성사층에는 운모가 아닌 흑색 광물이 섞여 있으며, 필자는 화산재 기원의 풍성사층으로 추리하고 있다. 하보이 갑에 풍부한 규질암의 박리현상에도 풍성사층이 관련된 것이 아닌지 의심하고 있으나 순백의 규질암은 흑색 광물질을 함유하고 있지 않다.

따라서 바이칼호 북부의 베르항가라 분지에 넓게 분포하는 현무암과 바이칼호 남부의 구조호 홉수굴호 동쪽에 넓게 분포한 현무암지대를 생각할 때, 계절풍의 영향으로 바이칼호 일대는 거의 연중 화산사 기원의 풍성사층을 퇴적할 수 있다는 것이 필자의 생각이다.

이들 두 지역의 현무암과 응회암층의 분포는 아프리카 대지구대와는 비교도 되지 않을 정도로 적은데, 이는 열류량의 적음을 뜻하나 바이칼호와 주변 풍성사층의 의문은 커지며 해결의 실마리를 보이지 않고 있는 실정이다.

올혼섬 최북단 규질암이 박리되는(부서지는) 과정. 오른쪽은 규질암의 박리현상 및 용식상 등 두 가지 측면을 보여 준다. 오늘날 규질암의 용식작용은 일반화된 인식을 주고 있다. 새로운 분야로 규질암 카르스트지형도 세계 여러 곳에서 보고되고 있는데, 그중 유명한 것으로는 브라질고원의 규질암 돌리네 대지와 1,000m 이상의 길이를 가진 규암동굴이 있다.

Tip 6

툰드라를 어떻게 이해할 것인가?

독일의 기상학자 쾨펜(Wladimir Peter köppen)은 세계의 기후지역을 나누면서 가장 더운 달의 평균기온이 0℃ 이하인 기후지역을 영구빙설 기후로 규정하고, 가장 더운 달의 평균기온이 10℃ 이하인 기후지역을 영구동토 지역으로 규정하였다. 이들 지역은 나무가 없는 무수목 기후이다. 따라서 툰드라와 타이가의 경계는 냉대 침엽수림의 끝남이며, 영구빙설 기후와 툰드라 기후의 경계는 나무가 없으며 지의류(地衣類), 선태류(蘚苔類)가 두텁게 쌓여 건조한 땅 위를 덮고 있는 지역을 가리킨다.

툰드라 지역은 연중 3분의 2 이상 얼어붙어 있는 땅이며, 봄과 여름은 몇 주에 불과할 정도로 짧다. 봄이 되면 얼었던 땅인 저지대는 온통 물바다가 되며 하천 유역은 하구부가 얼어 있어 배수가 되지 않아 홍수 소동을 벌이기도 한다. 물에 잠기지 않은 건조한 지대에서는 유목민들이 순록을 방목한다. 이 계절에는 철새도 날아들고 쥐떼와 북극여우, 북극곰, 토끼, 늑대 등도 모습을 드러낸다. 짧은 여름 동안에는 모기떼가 사람과 가축을 괴롭힌다. 여행사는 호신책으로 방충망을 준비하여야 한다.

대체로 툰드라 지역은 북극해 연안에서 시작되며 그 넓이는 지형적 환경에 따라 50~300km에 이른다. 지의류와 선태류 아래의 얇은 표토층을 제외하고는 보통 얼어 있는 상태이며, 왜소한 관목들이 마치 땅 위를 기어가듯 펼쳐지는 기후환경 지역을 지칭한다. 툰드라 지역에는 구조토(構造土)라는 특수한 미지형 현상인 규칙적인 토양이 발달한다. 기하학적 무늬의 표토가 나타나기도 하고 아기 무덤 또는 혹 같은 유상구조토(瘤狀構造土)가 나타나는데, 이는 결빙과 융해의 되풀이로 생성된 것으로 알려져 있다.

한편 열카르스트(thermo karst)란 특수 지형이 펼쳐지는데, 이는 석회암이나 백운암 분포 지역에서 생성되는 카르스트(karst) 지형과는 아무런 관련이 없는 형태학적 공통성에서 붙여진 편의상의 이름일 뿐이다. 열카르스트란 태양열과 밀접한 관련이 있으며 양지와 음지에 따른 융해면과 결빙면의 차이에서 오는 일단의 돌기와 와지가 결합된 것으로, 툰드라 기후 지역에 보편적으로 전개되는 위 카르스트(pseudo karst) 현상이다.

07

이르쿠츠크에서 울란우데까지 바이칼호 호안 관찰기

2014년 9월 23일 쾌청한 아침, 시베리아의 최고 경승지로 꼽히는 이르쿠츠크 대륙 횡단열차 정거장에서 아침 9시 정각에 울란우데로 가는 열차에 올랐다. 장장 8시간 동안 차창을 통한 지형 관찰과 사진촬영을 병행할 절호의 기회를 얻은 셈이었다.

시베리아 횡단열차의 요역인 이르쿠츠크 역을 출발한 열차는 울란우데로 향하는 첫 관문인 쿠르투크(клутук)에 이르기까지 결코 낮지 않은 산등성이를 넘어 시원스러운 바이칼호 호반을 거쳐 바이칼호 서부의 호안도시 스류쟝카(слюдянка)에 도착하였다.

이곳부터는 후기 시생계(Archean)인 mid Lopian의 지층으로 미분류된 암석들이 있는 것으로 알려졌다. 시원스러운 호변을 달리는 열차 내를 동서로 왔다 갔다 하며 지형 관찰에 여념이 없었다. 파도치는 바이칼호 호안까지 밀고 나간 자작나무 밀림 사이로 크고 작은 하천들이 흐르고 어촌들도 자리를 잡고 있었다.

멀리 바다와 같은 지구원의 원호(圓弧)를 바라보았다. 차창을 통해서도 바이칼호

파도치는 바이칼호 호변을 시베리아 횡단열차로 달리는 것은 여행자의 마음을 상쾌하게 만들어주는 청량제와 같다. 흰 거품을 일으키며 밀려오는 파도, 물속의 조약돌까지 훤히 들여다보인다. 이곳이 바로 선경인가?

물속의 크고 작은 자갈들이 보였다. 한편 철도 건설을 위해 잘라낸 산각부에는 크고 작은 지반운동의 흔적들이 나타났다. 단층과 습곡, 검은 돌, 흰 돌, 검붉은 돌 등 유용자원과 지질시대를 이해할 것 같았다.

신생대 제3기 말인 플라이오세의 화산활동과 관련된 응회암과 현무암, 화산사 퇴적층과 사암과 모래 사력층을 비롯한 신기하성층 등을 관찰하며 바이칼호에서 멀어진 내륙과 같은 인상을 주는 브이드리나(выдрино)에 도착하였다. 다시 운모질 화강편마암과 드쥐딘스키 시퀀스(джидинский сэкуенсе)*에 해당하는 처트와 쇄설암 누층군을 관찰하며 우다(уда)강의 철교를 건너 오후 늦게 부랴트 자치공화국의 수도 울란우데에 도착하였다. 2박 3일간의 답사 일정이 기다리고 있었다.

바이칼호에 서식하는 어류는 총 52종에 이르는데 그중에서 깨끗하고 맑은 물에만 서식한다는 연어과에 속하는 오물(омуль, Omul)이 바이칼호의 어족을 대표하고 있다. 바이칼호 특산종인 오물은 어획량도 가장 많아 지역경제에 크게 이바지하고 있다. 하라 다케시(原剛)의 『바이칼 이야기(バイカル湖物語)』에 오물에 대한 재미난 일화가 있어 여기에 소개한다.

일본의 아오모리 현 지사가 바이칼호를 방문하였는데 러시아 사람들이 바이칼호의 특산 어종 오물의 '오' 자를 좀 길게 빼며 소개하였다. 아오모리현 지사는 깜짝 놀라

바이칼호 호안의 작은 어촌

바이칼호를 대표하는 어류인 오물

* 드쥐딘스키 시퀀스(джидинский сэкуенсе, Dzhidinsky sequence): 고생계(古生界) 하부에 해당하는 오르도비스계에 퇴적한 퇴적암의 암상이나 퇴적상의 누층관계를 나타내는 층서학적 용어이며, 현재는 퇴적암 누층관계(facies succession)라는 용어로 바꿔 쓰고 있다.

"세상에 아오모리(靑森)란 담수어도 있느냐?"라고 '아오'를 빠르게 발음하며, 자신이 귀국할 때 오물을 산 채로 산소 공급 장치를 달아 선물로 달라고 주문하였다. 지사는 일본에 돌아온 즉시 아오모리현의 깊은 산속에 있는 직경 10km의 둥근 화구호(火口湖) 도와다(十和田)에 오물을 방류하였다. 그러나 이 이야기의 진실 여부와 현재의 상황에 대해서는 확인할 방법이 없다.

한국인과 용모와 풍속이 거의 닮은 부랴트 사람들

우리는 울란우데 시내의 중심가에 자리 잡은 부랴트 호텔에 체류하였다. 로비에 앉아 일하는 아저씨는 우리와 똑같이 생긴 부랴트 사람으로 조금도 낯설지 않을뿐더러 로비 벽면을 장식한 부랴트인들의 풍속 목각 또한 낯설지 않았다.

시베리아에는 우리를 빼닮은 몽골 인종들이 많이 살고 있는데 이들은 고시베리아족(Palaeo Siberian)과 신시베리아족(Neo Siberian)의 두 그룹으로 나뉜다.

이 지역의 전통적 원주민인 고시베리아족은 북극해 연안을 중심으로 순록의 유목과 수렵 및 어로를 생업으로 삼으며 살아가고 있다. 축치족(Chukchees), 코랴크족(Koryaks), 캄차달족(Kamchadals), 길야크족(Gilyaks), 유카기히르족(Yukaghirs), 예니세이오스챠크족(Yenisei ostyaks) 등이 여기 속한다. 이들은 참다운 시베리아의 주인들로 원시적인 생활경제를 유지하며 살아가고 있다.

신시베리아족은 뷔름 후빙기 동안의, 특히 온난하였던 3세기에서 13세기에 걸친 민족의 대이동을 계기로 이 지방으로 유입된 유민들로 우그리안오스챠크족(Ugrian ostyaks), 사모예드족(Samoyedes) 등이다.

왼쪽부터 시계 방향으로
세렌가강 둑에서 바라본 울란우데 시가지 전경,
호텔에서 촬영한 울란우데 시가지 일부,
부랴트 호텔 로비에 앉은 부랴트인 직원의 모습,
시베리아에 건설된 부랴트 자치공화국의 수도 울란우데

위에서부터 러시아워의 분주한 모습과 대중교통수단, 울란우데 시의 궤도전차, 부랴트 야외 민속박물관에 전시된 선사유적

또한 이들과 근접 종족인 시베리아타타르족(Siberian tartars), 초원지대의 키르기즈족(Kirghis), 레나 하곡의 야쿠트족(yakut), 바이칼호 부근을 점거하고 살아온 부랴트족(Buryats), 예니세이 하곡과 그 북동부에 사는 퉁구스족(Tungus) 등이 있는데 이들은 모두 몽골 인종들이다.

이들 중 부랴트족은 바이칼호 북부와 동부 및 남부 지역에 부랴트 자치공화국을 건설하여 러시아 연방 중에서도 활기에 찬 생활상을 보이며, 야쿠트족 역시 북극해 연안의 하망스키(хамангский)만에서 코리마(колыма)강에 이르는 광대한 순록태(馴鹿苔) 평원을 차지하고 있다. 그뿐만 아니라 야쿠트족은 시베리아 탁상지를 포함한 전 지역에 야쿠티아(якутия) 자치공화국을 건설하여 부랴트족과 더불어 동부 시베리아에서 민족적 자부심을 키워 나가고 있다.

바이칼호로 유입되는 336가닥의 하천과 세렌가강

바이칼호는 판구조적 예인작용으로 갈라진 요함분지에 물이 고인 세계 최대의 거대 담수호이다. 바이칼호로 유입되는 하천은 자그마치 336가닥이며 이 중 최대의 하천은 세렌가강이다.

뒤를 이어 바르구진강, 다음으로 바르구진강과 세렌가강 사이의 투루카(турка)강, 바이칼호 최북단의 베르항가라강, 끝으로 푸로리하호 남쪽의 톰푸다(томпуда)강 등이 5대 하천을 이룬다. 그 밖의 중소 하천으로 푸라리하(фролиха)천, 쇠그나다(шегнада)천, 카바냐(кабанья)천, 볼샤야(Болшая)천 등이 뒤를 잇는다.

바이칼호에서 유출되는 하천은 분지 내의 가장 낮은 부분인 현재의 안가라강 유출

세렌가강(차창 촬영). 바이칼호로 유입되는 336가닥의 크고 작은 하천 중 으뜸은 세렌가강이다. 부랴트 자치공화국의 수도 울란우데에서 우다강과 합류하여 바이칼호로 유입되는 세렌가강은 하구에 거대한 삼각주를 만들었다.

구를 넘쳐흐르는 안가라강이 유일하며, 예니세이강에 합류된다.
바이칼호의 물수지(water balance)는 균형이 잘 유지되며, 안가라강에 건설된 거대한 우스티 일림스크 언제와 브라츠쿠 수력발전소에 의해 조절되고 있다. 바이칼호는 지구상에서 가장 오래된 호수, 가장 깊은 호수, 가장 깨끗하고 맑은 물을 많이 담고 있는 호수로서의 명예를 지키고 있다.

세렌가강과 우다강의 합류점

부랴트 전통마을 아차갓(Ачагат) 부근의 빙력토 평원상을 흐르는 우다강 중류는 유역에 비교적 인구가 많은 편이다. 아차갓 외에도 우네게테이(унэгэтэи)를 비롯한 농목업을 주로 하는 15개의 이름 있는 마을들이 우다강을 끼고 분포되어 있어 하천의 오염도는 심각하다.
몽골 내륙 깊숙한 곳에서 발원한 세렌가강 역시 오염이 가속화되었다. 러시아 경내로 들어오면서 상류 지역에 세계적 규모의 대형 펄프제지 콤비나트가 1966년에 입지하였기 때문이다. 이 콤비나트에서는 전투기 제조에 없어서는 안 될 특수섬유를 생산하고 있다.
이렇게 부랴트 자치공화국 수도 울란우데에서 합류되는 하천은 심히 오염되었으나 아무런 정화 조치 없이 자연스럽게 바이칼호로 유입된다. 필자는 세렌가강과 우다강의 합류점을 답사하여 오염의 심각성을 돌아보았다. 그리 맑은 물도 아니었고 주변의 쓰레기도 신경 쓰였다. 인류의 미래에 생활용수가 부족할 것을 걱정해 하늘이 예비한 수정같이 맑은 물인 바이칼호가 오염되어 가고 있었다.

세렌가강과 우다강의 합류점. Y자로 같은 수준에서 평화롭게 합류되는 현장이다(상).
아차갓 마을 앞을 흐르는 계류천은 생활쓰레기로 심히 오염되어 있다. 이와 같은 계류천은 드럼린과 에스카 언덕과 언덕 사이의 빙력토 평원상을 자유사행하며 흐르는데, 이것은 세렌가 하천의 3차 지류가 되며 골짜기마다 발달하였다(하).

부랴트 마을 방문길에 관찰한 드럼린과 에스카

안내자 박지환 씨 소유의 7인승 승용차로 세렌가강과 우다강이 협화적으로 합류하는 현장을 답사한 후 우다강 강안을 따라 울란우데 동방 50km에 입지한 부랴트 전통마을 아차갓 탐방길에 올랐다. 인문사회 분야는 이정면 교수의 전공 분야이므로 필자는 전통마을 탐방에는 별로 관심을 두지 않고, 출발과 함께 전개되는 빙하의 삭마지형과 퇴적지형을 관찰하며 지형학을 전공하였다는 즐거움을 만끽하였다.

울란우데 시가를 벗어나 교외를 달리면서 전개되는 빗살처럼 연속적으로 한 방향으로 흘러내린 돈배상 언덕을 차창 왼쪽으로 바라보았다. 드럼린이었다. 가냘프고 길게 뻗은 언덕은 에스카라는 것을 인식하였다.

차창 오른쪽으로는 끝없이 전개되는 빙력토 평원, 즉 융빙수(融氷水)에 의한 워시플레인(wash plain)임을 직감하였다. 어느덧 승용차는 목적지인 아차갓 마을에 도착하였다. 촌로의 간단한 환영인사와 전통차를 집 밖에 서서 대접받은 뒤 실내로 안내되었다.

일행이 담소를 나누는 동안 필자는 밖으로 나와 드럼린 언덕에 올라 원마도 높은 여러 가지 빙마력들을 채집하였다. 이것이 화가 되어 귀국 과정에서 박스를 뜯고 채집한 시료(試料)를 버려야 하는 수모를 겪었으며, 무자비하고 획일적인 검색 방법에 불만을 품은 채 귀국 항공기에 탑승하였다.

부랴트 전통마을 배후산지인 우란 바이사(улан байса: 1672) 고지에서 빙하가 운반한 드럼린 언덕(상).
돈배상의 퇴석구릉 드럼린, 좁고 길게 퇴적된 퇴석구릉 에스카 언덕, 워시플레인의 아름다운 광경들이다(하).

세렌가강이 만들어낸 걸작 세렌가 거대 삼각주

세렌가 삼각주(delta)*는 전형적인 원호상(圓弧狀) 삼각주이다. 몽골 내륙 깊숙이 있는 흐르한(хрхан) 산지에서 발원한 세렌가강은 울란우데에서 우다강과 합류하며 막대한 운반 물질을 하구부에 퇴적하여 거대한 세렌가 삼각주를 만들었다.

바이칼호와 세렌가 삼각주에 관하여는 러시아 생물학자들의 광범위하고 종합적인 연구로 그 전모가 밝혀졌다. "Lake Baikal's Selenga River Delta: Biodiversity, Conservation, and Sustainable Development"(Anenkhonov & Pronin, 2010)가 그 연구의 결과물이다. 바이칼호의 수중생물을 비롯하여 바이칼호 호분의 식물상까지 5,000종을 취급하였고, 델타를 찾아오는 철새를 비롯하여 델타의 지형 구분 및 촌락의 입지와 토지 이용에 이르기까지 광범하며 심지어 델타의 초본식물과 아름다운 야생화까지 모두 망라되어 있다.

세렌가 삼각주는 저습지인 데다 온통 샛강과 자연제방 하적호가 널려 있어서 배가 없이는 살기 어려운 수향현상(水鄕現象)의 기름진 땅이다. 델타층은 제4기 플라이스토세의 다우기(多雨期)에 운반된 엄청난 양의 퇴적층과 홀로세(충적세)의 신기하성층으로 모래와 진흙 그리고 플라이스토세에 활발하였던 화산활동에 의한 화산성 분출물인 화산사와 화산재가 다양한 형태로 퇴적되어 있는 것을 특징으로 한다. 세렌가 삼각주의 정치층(頂置層)에서 전치층(前置層)에 이르는 길이는 무려 45km

* 삼각주(delta): 하천이 운반한 물질을 호해(湖海)로 들어가는 하구에 퇴적한 거의 세모꼴의 하구섬에 대해 이르는 지리학 용어로 원호상(圓弧狀) 삼각주, 조족상(鳥足狀) 삼각주 등으로 분류한다. 바이칼호의 세렌가 삼각주는 전체적으로는 원호 삼각주에 해당한다.

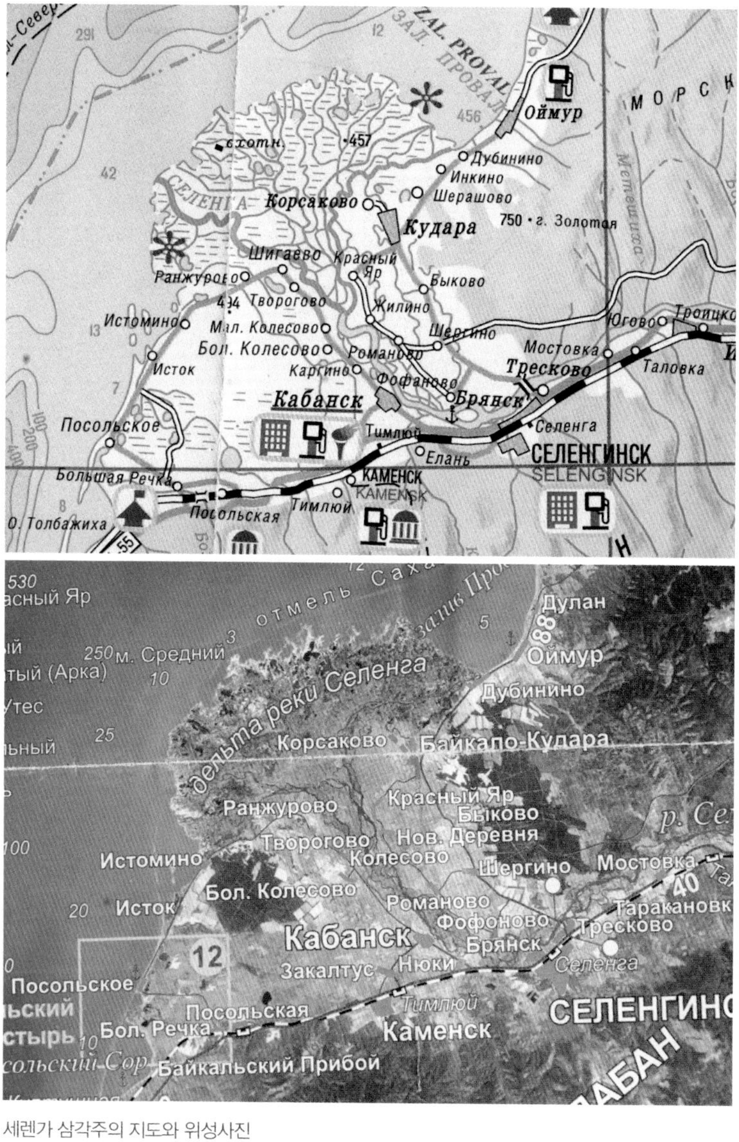

세렌가 삼각주의 지도와 위성사진

이며, 원호의 동서 길이는 73km, 넓이는 대략 1,300km^{2}에 이른다. 1861년 이 지역에 강력한 지진이 발생하여 전치 사면과 더불어 삼각주의 310km^{2}가 깊은 바이칼호 호저로 활강하며 잠겨버렸다. 이 사고로 바이칼호 호심부까지 100m 이내의 수심으로 변화시키는 이변을 연출하며 호붕(湖棚)을 형성하였다. 이로써 바이칼호를 동서로 양분하여 연구하는 분류법을 사용하는 학자들도 등장한 것으로 알려져 있다.

바이칼호의 거대한 육계도 프-오브 스뱌토이 노스

원래 바이칼호에는 비교될 만한 두 개의 큰 섬이 있었다. 그중 하나인 올혼섬은 오늘날까지 건재하고 있으나 스뱌토이(святой)섬은 바르구진산맥의 동사면 아래를 흐르는 거대한 저습분지인 달리나(долина) 계곡지대에서 흘러내리는 바르구진 하천의 운반 물질로 육계도화하였다.
다시 말하여 바르구진 하천의 운반 물질과 바이칼호의 연안 표사 현상은 조화롭게 사주를 발달시켜 바르구진만과 치비르쿠이스키(чивыркуйский)만 사이를 스뱌토이섬과 연결시켜 반도화함으로써 섬으로서의 기능을 상실한 채 육계도화되는 지형 변화를 가져왔다.
육계도를 남북으로 달리는 등줄 산맥의 지질은 실루리아계(Silurian system)에서 데본계(Devonian system)에 걸친 드쥐딘스키 퇴적암을 비롯하여 성긴 운모가 섞인 화강편마암으로 구성되어 있다.
특기할 것은 스뱌토이섬에 발달한 절단산각이며, 섬의 중심을 대략 북동에서 남서

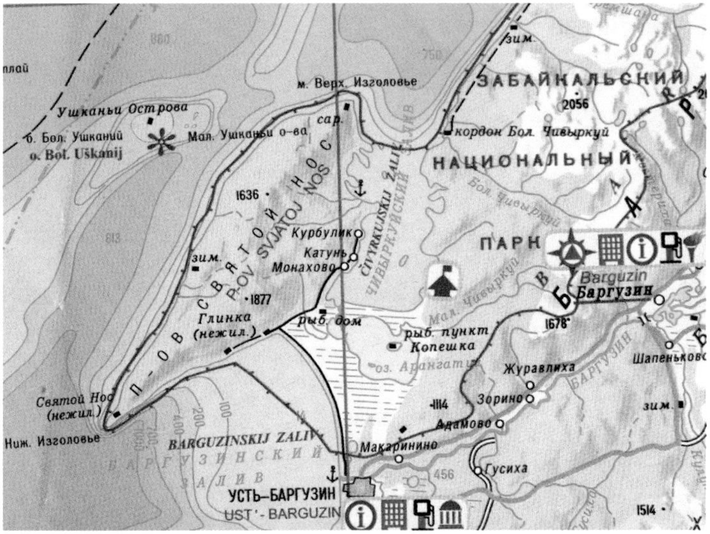

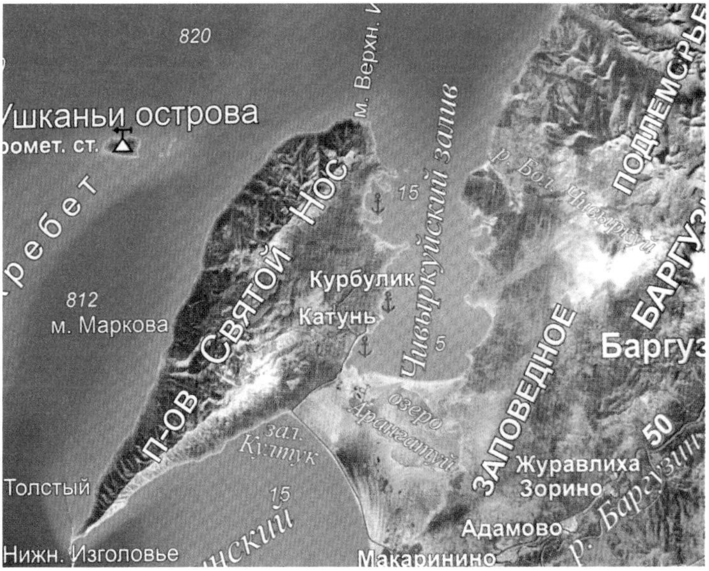

바이칼호의 육계도 프-오브 스뱌토이 노스의 지도와 위성사진. 원래 바이칼호에는 후빙기 호면의 고정과 더불어 두 개의 큰 섬이 생겼으나 올혼섬은 호협의 수심이 깊어 그대로 섬으로 남았고, 스뱌토이 노스 섬은 바르구진 하천의 운반 물질과 바이칼호 연안류(沿岸流)의 표사(漂沙) 현상으로 육계도화하였다.

방향으로 달리는 등줄 산맥의 북서 사면은 바이칼호 곡빙하가 잘라낸 절단산각이다. 남동 사면의 절단산각은 바르구진 곡빙하가 잘라낸 절단산각으로 매우 흥미로운 연구대상이 아닐 수 없다.

스뱌토이 육계도의 등줄 산맥은 기품이 당당하며 남동 사면 쪽에 자리 잡은 주봉은 그 높이가 자그마치 1,877m로 우리나라의 설악산(1,708m)보다 169m가 더 높다. 산맥 서사면의 주봉은 1,636m로 설악산보다 72m가 낮은 셈이니 바이칼호의 델타나 육계도의 규모를 짐작할 수 있다.

스뱌토이 육계도는 본토와 연결되는 도로가 개설되고 아란가투이(Арангатуй) 석호 북쪽에 새로운 연안사주가 생성됨으로써 스뱌토이섬의 관광 개발은 올혼섬과 더불어 한층 더 활력을 얻게 되었다. 이곳에는 바르구진산맥의 빙하지형과 더불어 하나의 관광루트를 조성할 수 있다.

Tip 7

타이가란 이름의 냉대 침엽수림의 수해(樹海)

타이가 지대는 툰드라 남쪽으로 전개되는 침엽수림의 수해지대를 지칭하며, 점유하는 수종에 따라 다음과 같이 분류된다. 즉 전나무속(Abies) 타이가, 가문비나무속(Picea) 타이가, 소나무속(Pinus) 타이가, 낙엽송속(Larix) 타이가, 자작나무속(Betula) 타이가, 사시나무속(Populus) 타이가 등으로 나누어지며 경제성의 차이도 크다. 대체로 북위 50~70°의 아한대 지방의 침엽수림대를 지칭하며, 예니세이강과 오비강, 스타노보이산맥에 이르는 산림은 강추위와 건조한 찬바람이 불어 임목 성장이 나쁘며 대지는 구릉지로 소택지가 적어 낙엽송 위주의 수종들이 많다.

1. 끝없는 수해와 인간이 필요로 하는 목재와 펄프

타이가 지대의 생활은 오로지 목재에 의존한다. 통나무를 우물 정(井) 자 모양으로 귀를 맞춰 짓는 귀틀집(izba: изба)에 지붕재도 판자나 나무껍질을 이용하며 땔감도 목재에만 의존한다. 농업 경영보다도 일찍이 모피 생산이나 산림 부산물에 의존하는 생활을 영위하여왔다. 지역의 중요 수출품은 원목이다. 우리나라에서도 많은 원목을 수입한 목재 가공 공업과 펄프를 수입한 제지공업이 발달하여 신문용지를 비롯한 각종 규격용지들을 생산하며 수요를 충족하고 있다. 최근에는 컴퓨터 인쇄 기술의 발달로 사무용품의 수요가 급증하는 추세이다.

2. 유럽 상류사회 여성들의 허영심을 충족시킨 모피

타이가 지대는 임목도 중요한 자원이지만 이에 못지않은 경제성과 고부가가치를 지닌 귀중한 모피를 생산한다. 밀림 지대는 유럽 상류사회 여성들의 기호를 충족시킬 만한 모피의 중요 산지로 담비를 비롯한 여러 가지 모피는 유럽 상인들에 의해 일찍이 교역이 이루어져 왔다. 바이칼호를 중심으로 한 동부 시베리아 지역에는 유럽 모피상들이 개척한 담비길이 있었을 정도로 모피의 생산과 가공 기술을 기초로 한 활발한 모피 교역이 오래전부터 이루어져 왔다.

3부

바이칼호 2

08

바르구진스키산맥의 수많은 카르와 호른

바이칼호 북동부에 자리 잡은 설산 바르구진산맥에는 2,500m를 넘나드는 고봉과 준령이 많으며, 그중 빙식 첨봉인 바라그한-우우라(Барагхан-Уула)산은 스위스의 마터호른(Matterhorn) 첨봉과 비교된다.

바르구진스키산맥에는 남쪽에서 북상하면서 무명고지 2601△ 2585△ 2676△ 2841△ 2537△ 등 우리나라 백두산의 높이와 대등한 높은 산들이 즐비하며 그중 제일 높은 봉우리는 바라그한-우우라 첨봉이다. 그 높이는 2,841m이며 백두산 높이보다 약 100m가 더 높다.

산맥의 서사면에는 수많은 빙식권곡(glacial cirque)이 발달한다. 이들의 대부분은 빙식호를 이루며 바이칼호로 유입되는 크고 작은 하천들의 발원지가 되고 있어 경이로운 대자연의 신비함을 더하여 준다. 이들 중 최대의 빙식호는 푸라리하호이다. 푸라리하호 부근 일대의 지질은 상부 리피인 Dovyrenskiy와 Ikatsskiy sedimentary sequence의 섬록암질 암석과 섬록암질 페그마타이트 및 반려암질 섬록암

바라그한-우우라 첨봉. 빙관빙하(氷冠氷河)의 침식작용으로 산봉의 4면에 마제형 권곡이 생기며 송곳 바위 형태로 남은 것이 바로 첨봉(horn)이다. 바르구진산맥에는 카르(kar) 침식지형도 많으며 첨봉의 발달 또한 많다. 그중 가장 빼어난 첨봉이 바라그한-우우라 첨봉이다(상).
스위스 알프스의 빙식 첨봉 마터호른(4,477m). 바라그한-우우라 첨봉과 비교된다. 스위스란 세계적 관광대국과 달리 이제 관광산업에 눈을 뜨기 시작한 바이칼호 국립공원은 많은 투자와 기반시설, 편의시설 등 할 일이 산적해 있다(하).

(gabbro-diorites)으로 지표 지질을 나타내고 있다.

바르구진산맥의 지질은 대체로 실루리아계의 드쥐딘스키 퇴적암을 필두로 화강암질 운모편암 및 규장질 섬장암(granosyenites)*과 운모화강편마암 외 원생계의 반려암질 페그마타이트, 반려암질 섬록암(gabbro-diorites), 이밖에도 Ikbtskiyy 퇴적암 등 다양한 지질상을 남에서 북상하며 나타낸다.

다음으로 바르구진산맥의 이름 없는 높은 봉우리들에 대하여 편의상의 명칭을 부여하며 부근 일대의 빙하지형을 산봉 하나하나를 특징지어 가며 설명하려고 한다. 다만 순서는 남쪽에서 북상하며 편의상 산봉을 ①~⑨번까지 설명하고, 산명은 부근의 촌락, 하천, 호소 등 지형지물에서 도입하였다.

① 1678△ 스뱌토이(святой) 봉

부드러운 U자곡이 발달하며 주라부리하(журавлиха)천과 치빌쿠이(Чивыркуй)천이 이곳에서 발원한다. 곡지를 따라 침엽수림이 발달하며 산지에는 기계적 풍화작용, 특히 서리의 쐐기작용(frost wedging)을 받아 전락한 큰 암괴들이 계곡을 가득 메우고 있다.

② 2056△ 치빌쿠이(чивыркуй) 봉

산세는 높아졌고 능선부에는 기계적 풍화작용으로 암설이 널려 있다. 멀리 바라보이는 산릉들에는 확실한 빙하의 침식지형들이 나타난다. 계곡은 부드러운 U자곡을

* 규장질 섬장암(granosyenites): 알칼리화강암과 동반하여 산출되는 규장질 섬장암은 완정질 조립의 심성암으로 유색 광물인 흑운모, 각섬석, 휘석 등을 동반하는 수가 많다.

이루며 아름다운 모습을 드러낸다. 평탄한 산등성이와 빙하가 운반한 빙퇴석지형과 빙식지형이 함께 나타난다.

③ 2601△ 바이칼(вайкар) 봉

주변에는 즐상 능선과 대형 빙식호가 공존하며 빙식 첨봉도 여기저기 나타난다. 곡빙하가 흘러간 골짜기는 부드러운 U자곡을 이루고 U자곡을 사이에 둔 양쪽 능선은 검능과 즐상 능선을 나타낸다.
이뿐 아니라 마제형 권곡과 빙식곡은 첨봉을 한 폭의 풍경화같이 빙식호면에 반영한다. 계류천은 여울과 급단(急湍)을 이루며, 아름드리 전석(轉石)들을 둥글게 다듬어놓았고 물가에는 침엽수와 자작나무 밀림으로 아름다움을 더하여준다.

④ 2585△ 소스노브카(сосновка) 봉

부근 일대에는 넓은 빙식곡이 동서남북으로 발달하였다. 빙식 권곡과 즐상 능선 발달이 현저하며 소스노브카천은 발원지를 빙식호에 두고 있다. 즐상 능선과 소스노브카천 하구부에는 빙력토의 퇴석구릉도 다양하게 발달되어 있다.

⑤ 2676△ 부랴트(вурятия) 봉

부근 일대의 곡저에는 빙식호들이 가장 밀도 높게 발달하였다. 빙식 첨봉과 다양한 형태의 즐상 능선을 비롯하여 규모가 큰 빙식호들이 부랴트 봉을 중심으로 동서남북으로 발달하여 산릉마다 첨봉과 검능을 이룬다.
계류천은 바이칼호 사면과 바르구진스카야 하천 사면으로 흘러들며, 바이칼호 사면 쪽의 하천들은 급류천을 이룬다. 바이칼호 반대 사면으로 흘러간 하천도 궁극적으로 바이칼호로 유입된다. 이 일대는 빙식호의 밀도가 가장 높으며 모든 하천이 빙식호를 발원지로 삼고 있다.

⑥ 1822△ 체르나야(черная) 봉

바이칼호 호안에 가장 근접하여 입지한 봉우리로 쉬리리드(ширильды)천과 톰푸다천 사이에 끼어 있는 봉우리이다. 이들 하천의 많은 본류와 지류는 빙식호에서 발원하며 계류천은 급류천으로 아름드리 원마도 높은 거력들을 하구부에 옮겨놓았다.

⑦ 2224△ 푸라리하(флолиха) 봉

톰푸다천은 푸라리하 봉 북쪽 기슭의 빙식호에서 발원하며, 푸라리하 봉 남쪽 기슭의 빙식호에서는 푸라리하천이 각각 발원한다. 푸라리하천은 이 지방 최대의 빙식호인 푸라리하 호수로 유입되며 상천과 하천으로 양분되는데 하천이 본류가 된다. 푸라리하천 본류 상류 지역은 첨봉과 첨봉 사이의 산록면에는 침엽수림의 밀림을 이루어 밀림 사이를 이들 하천들이 급류천으로 매우 빠르고 세차게 흐른다. 푸라리하 호수에는 여러 가지 위락시설과 선유시설 및 캠핑장이 있어 찾는 사람들이 많다.

⑧ 2249△ 아쿠리칸(Акуликан) 봉

아쿠리칸 봉의 봉우리를 끼고 동서로 흐르는 모든 하천은 아쿠리칸 봉을 분수령으로 동서로 흐르고 있으나 돌고 돌아 모두 바이칼호로 유입된다. 아쿠리칸 봉 남쪽에서는 푸라리하 상천이 발원하고 동쪽으로는 바르구진강의 여러 가닥의 지류들이 흐른다.

한편 북류천으로는 아쿠리(Акули)천이 있으며 베르항가라 하천의 지류가 되어 바이칼호 북단의 소택지를 지나 바이칼호로 유입된다.

⑨ 2654△ 일로카루이(илокалуи) 봉

산세가 험준하고 계류천 변은 밀림을 이루며 사람들의 접근을 어렵게 한다. 인적미답의 자연 그대로의 대자연으로 등산로도 없으며 즐상 능선과 규모가 큰 빙식호들이 자연 그대로 방치되어 있다.

바이칼호 북동부를 차지하는 바르구진산맥의 최고봉 부랴트 봉을 제외한 제2의 고봉다운 기품이 당당하다.

09

바이칼호 북서부에 자리 잡은 바이칼스키산맥과 프리모르스키산맥

연속된 두 개의 산맥을 북쪽에서 남진하며 이름 있는 산지의 빙식지형들과 이들 산록에 발달한 빙식호와 빙하의 침식지형 및 빙하의 퇴적지형에 대해 살펴본다. 이 산맥들은 바이칼호 생성의 비밀을 간직하고 있는 판구조론과도 깊은 관련이 있는 것으로 알려졌다.

바이칼스키산맥 북쪽의 포피리츄나야산에서 쿠르가 봉까지의 지질은 바이칼스카야(Baikalskaya) 사암과 Aleurolites 편암(schists)을 시작으로 후기 리피(Riphean)의 Zhuinskaya 퇴적암과 Aleurolites와 후기 시생대에서 고원생대(Paleo proterozoic) 편마암 외 하마르다반 누층군으로 구성되어 있다.

반면 프리모르스키산맥의 지질은 사르마 봉에서 안가라 강구에 이르는 리스트뱐카 봉에 이르며, 지표 지질은 캄브리아계(Cambrian system) 상부의 구분할 수 없는 퇴적암과 원생계 후기 리피(Riphean)에 속하는 Motskaya 퇴적암 누층군에 속하는 사암과 역암(Conglomerate) 등으로 구성되어 있다.

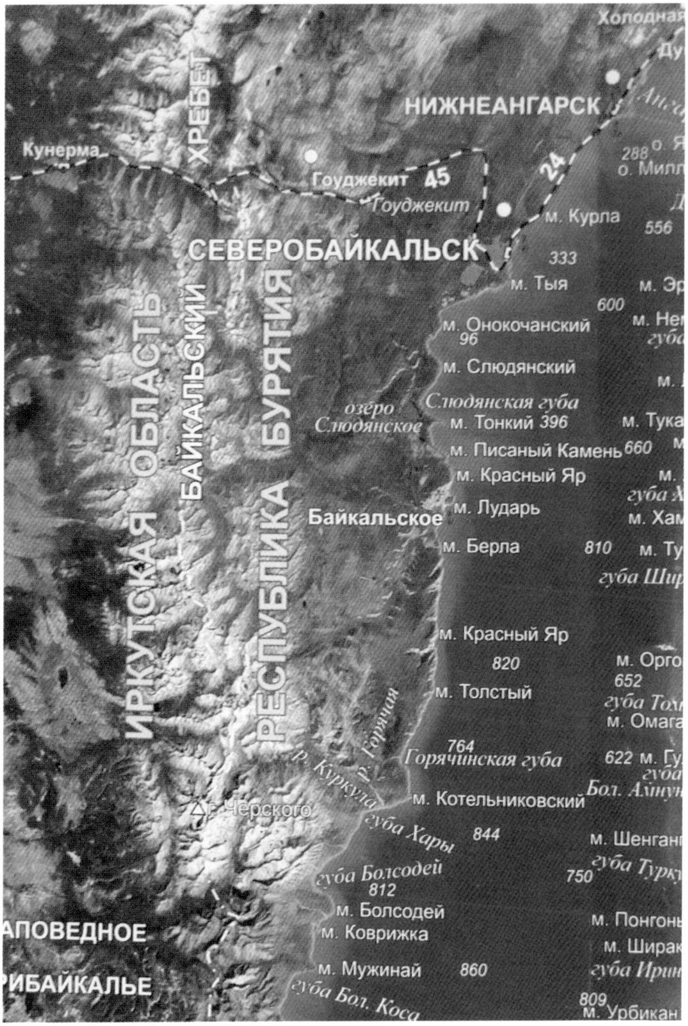

바이칼호 북서부의 위성사진 지도. 아무르-바이칼 철도와 바이칼호 서부의 바이칼스키산맥의 경관을 일목요연하게 보여준다. 바이칼호의 수심과 이름 있는 지형지물을 읽을 수 있는 좋은 위성사진 지도이며 빙식작용 또한 현재 진행 상태를 보여주고 있다.

① 2258△ 포피리츄나야(поперечная) 봉

포피리츄나야 봉 주변에는 많은 빙식호와 즐상 능선 및 검능이 즐비하며 빙퇴석들이 여기저기 쌓여 있다. 빙식 권곡과 U자곡 그리고 빙식호를 기초로 짧은 하천들이 빙식호에서 발원한다. 이들 거의 모든 하천은 급류천을 이루며 바이칼호로 유입된다.

② 2201△ 자브라트나야(забротная) 봉

2,000m 내외의 연봉들이 호안 절벽을 이루며 빙식에 의한 암설들을 바이칼호 호안에 퇴적하여 절경을 이룬다. 산정의 빙관(ice cap)들은 5월에도 상존하며 눈부신 광채를 반사한다. 호안 단애와 밀림은 내방객의 접근을 허용할 만큼 너그럽지 않다.

③ 1830△ 레나강 발원지 레나(лена) 봉

산기슭에 레나강 발원지 기념 표지석이 서 있다. 산세는 부드러우며 빙식호도 있다. 바이칼호 사면은 급류천의 발달로 많은 모난 돌들을 운반하였는데, 호빈의 거센 파도가 이들 모난 돌의 원마도를 높여 바이칼호에 흔치 않은 역질(礫質) 호안을 이루고 있다.

④ 2055△ 아나이(Анаи) 봉

호안 절벽인 절단산각의 배후산지는 우모상(羽毛狀)의 계곡이 발달하는 것으로 특징지을 수 있다. 산릉 배후지는 시베리아 탁상지의 변두리를 이루며 모든 하천은 북류한다. 한편 바이칼호에 보기 드문 역제(礫堤) 호안을 이루고 있다.

완전히 훼손된 접안시설은 그대로 방치되어 있다. 건너편에는 바이칼호 최고의 절단산각이 보이지만 찾는 이들은 밀려오는 파도만 보고 즐기는 모습이다.

⑤ 1542△ 쿠르가(курга) 봉

올혼섬의 중심 촌락 후쥐르 마을 건너편에는 바이칼호 호안에서 가장 보기 좋은 빙하가 잘라낸 절단산각이 발달되어 있다. 호협(湖峽)의 넓이는 15km이나 대기가 청등하고 시정(視程)이 좋아 바로 눈앞에 보인다.

절단산각은 플라이스토세 말에 극성을 부리던 최종 빙기인 안가라(뷔름) 빙기가 극적으로 후퇴하면서 바이칼 곡빙하가 잘라낸 곡빙하의 특징적 지형으로, 이번 답사 최대의 발견이며 지형학과 빙하지형을 이해하지 못하는 사람도 한눈에 알아볼 수 있다.

⑥ 1658△ 사르마(сарма) 봉

올혼섬으로 건너가는 도선장 사흐유르타(сахюрта) 마을 배후산지이다. 빙하가 유동하면서 잘라낸 흔적들은 위성사진을 통해서도 같은 수준면을 유지하는 선상침식(線上侵蝕)을 받은 단상지와 퇴적지형 그리고 방패를 엎어놓은 것 같은 지형들을 관찰할 수 있다

⑦ 1176△ 부구리제이카(вугульдейка) 봉

바이칼호 호안에 가장 근접한 봉우리이며 바이칼호 사면은 급사면을 나타내고 있다. 배후의 산지들은 방패를 엎어놓은 것 같이 부드러우며 경지와 초지로 대부분 개발 중이며, 눈을 의심할 만큼 체르노젬 흑토가 널리 분포하고 있다.

⑧ 1178△ 리스트뱐카(листвянка) 봉

리스트뱐카 봉은 안가라강 유출구 우안에 인접한 봉우리이며 자작나무와 낙엽송 그리고 침엽수 등 혼효림을 이룬다. 한편 바이칼호 곡빙하는 슬류쟝카(слюдянка) 방향에서 오는 가지 빙하를 합쳐 안가라강 하곡으로 유출된 것으로 추리된다.

10

바이칼호 서부의 산맥과 구조운동

바스토치니(восточный)산맥과 흘레베트하마르다반산맥은 연속되어 바이칼호 남서부의 구조선을 이루며 바이칼호 호분 형성에 판구조적 작용을 한 것으로, 러시아의 지질학자들은 이들 구조선을 작은 판으로 생각하고 있다.

바스토치니산맥에 대한 지표 지질 자료는 전무하다. 흘레베트하마르다반산맥의 지표 지질은 중부 Lopian이며, 분류할 수 없는 시생계(Archean)의 변성암과 실루리아계(系)의 퇴적암, 홍적층 및 충적층을 대표하는 신기하성층 등이 발달되어 있다.

다음은 크라스노야르스크 방향에서 오는 바스토치니산맥과 흘레베트하마르다반산맥의 높은 봉우리들에 대한 위성사진과 등산객들이 촬영하여 인터넷에 올린 사진들을 검색하여 빙하지형학적으로 관찰 결과를 기록한 것이다.

바스토치니산맥 중에는 서부에서 동진하며 2263△ 2891△ 2881△ 3015△ 3164△ 3491△ 3157△ 2758△ 등 고산준령들이 즐비하다. 흘레베트하마르다반산맥으로 오면 산세는 낮아져 2371△ 1862△ 등으로 이들 산맥은 바이칼호 호분 형성에 영향을 주었다.

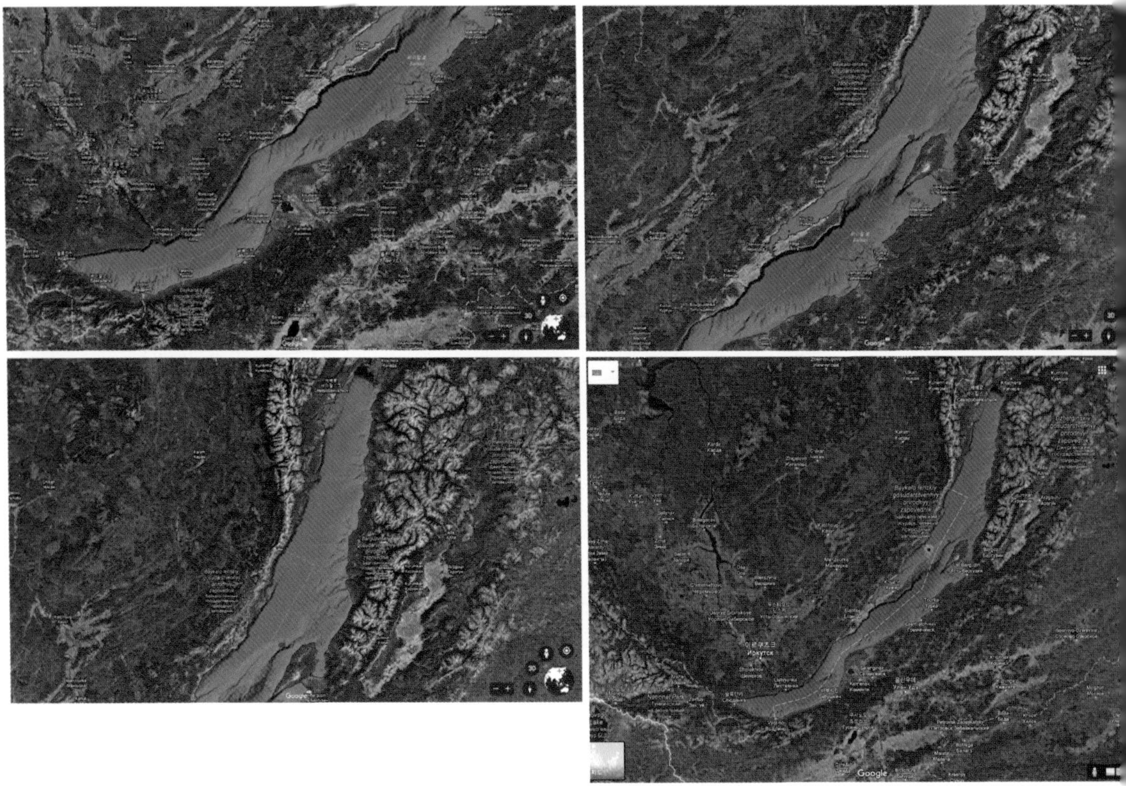

바이칼호 남부, 중부, 북부를 등분한 지도와 전도

바스토치니(восточный)산맥

3,000m를 오르내리는 고봉준령들이 많으며 그중 으뜸은 3491△ 몬드이(монды) 봉이다. 부근 일대에는 모든 빙하지형들이 종합적으로 잘 나타나고 있다. 그중에서도 마제형 권곡인 카르(kar)가 돋보이며 시원스러운 U자곡의 발달과 빙하의 퇴적지형 또한 현저하다.

빙식 첨봉과 즐상 능선, 검능 등이 아름다운 모습들을 경연하듯 빙식지형과 빙퇴석 지형들이 여러 가지 형태로 선을 보이며 화려한 면면을 아낌없이 보여준다. 이 지역 최대의 빙식호인 홉수굴호는 바이칼호와 같은 성인을 가진 판구조적 단열대에 자리 잡은 바다와 같이 넓은 빙식호이다.

동진하면서 3157△ 아르샨(Аршан) 봉과 2758△ 크이렌(кырен) 봉에서 바스토치니산맥은 이르쿠트(иркут) 하천으로 단절되고 흘레베트하마르다반산맥으로 이어진다.

흘레베트하마르다반(хребет хамар даван)산맥

고봉과 빙식지형은 2371△ 바이카리스크(вайкальск) 봉을 비롯하여 2090△ 체르스코가 봉, 1862△ 탄하이(танхой) 봉, 1550△ 사르잔(солзан) 봉으로 이어지는데 이들 봉우리들은 바이칼호 남서부에 자리 잡은 고산준령들이다.

부근 일대의 빙하지형은 마제형 권곡을 비롯하여 빙식호들이 많으며 그리 높지 않은 언덕은 지난날 빙관빙하에 짓눌려 기반암의 평탄화된 다림질지형이 나타나 다른 지역과 구별됨을 보여주기도 한다.

맺는말

앞으로 관광산업이 더욱 진흥되고 편의시설과 관광을 위한 기반시설이 확충되면 좀 더 효과적인 답사를 통해 새로운 사실들이 풍성하게 발표될 것이다. 그날을 기대하며 14일간의 답사 결과를 본 대로 느낀 대로 기록하였으니 많은 독자들의 격려와 성원 있기를 기대한다.

안가라-바이칼 공업벨트는 지역발전을 가져오고 주민의 일터를 제공하여 생활을 윤택하게 만들었다. 힘을 합하여 환경오염을 방지하고 자손만대 행복을 추구하며 인류의 생활 향상에 공헌하기를 바란다.

우스티 일림스크와 부라츠크 발전소에서 생산되는 청정에너지의 혜택은 공업발달의 원동력이요, 주민들에게 일터를 제공하는 활력이며 문화생활의 기본 힘임을 항상 감사하며 아껴 쓰는 풍조, 낭비를 경계하며 견책하는 풍조 등 주민들이 할 일은 많고도 많다.

한편 안가라-바이칼의 내수자원은 풍부한 수산자원을 바탕으로 주민의 단백질원을 제공하고 있다. 관계자들은 자연 그대로의 약탈적 수산업을 지양하고 새로운 수산양식 기술을 도입하여 주민의 생활을 더욱 윤택하게 만들어야 할 것이다.

관광산업 진흥책의 경우, 시작이 반이라고 지금이 바로 첫 단추를 끼울 중차대한 시

사륜구동차 우와직. 힘세다고 자랑하지 말고 사람을 짐짝으로 여기지 말 것이며, 의자도 깨끗하게 손님을 맞이할 준비가 되어야 한다. 그뿐만 아니라 안전사고를 내지 말고 관광객을 유격 훈련시키는 기분을 접고 힘 좋은 차내에 손잡이부터 달아주기를 부탁한다.

기라는 인식을 할 필요가 있다. 오늘날의 관광산업은 굴뚝 없는 산업으로서 외화 획득, 국위 선양, 국제 친선 등 그 역할과 기여하는 바가 이루 헤아릴 수 없이 다양하고 많다.

그러나 현장의 실정은 어떠한가? 올혼섬을 사례로 살펴보자. 후쥐르 마을에서 최북단의 하보이 갑까지 운행되는 우와직이란 승합차가 있다. 트럭보다도 불안전하고 잡을 손잡이 하나 없는 컨테이너 박스 같은 이 승합차도 개량되어야 한다.

도로 사정이 나빠 영업하는 모든 차량의 앞 유리창에 금이 가 있다. 원시적인 도로와 관광객의 고통을 염두에 두고, 망가진 유리창의 파편으로 인한 2차적 사고를 예방할 수 있는 개선책을 마련해야 한다. 원시적인 영업실태를 개선하여 관광객이 쾌적하게 여행하도록 도와주어야 한다.

쓰레기통 같은 것은 도대체 관리하는 사람이 있는지도 의심스럽다. 하보이 갑의 야외화장실은 소변조차 보기가 힘들 정도로 오물이 넘쳐나 적당히 잔솔밭을 이용하는 것을 탓할 수는 없을 것 같다. 차마 찍은 사진을 책 속에 넣지는 못했다. 무능하고 태만하며 각성 없는 공직자들을 고발하고 책망할 만큼 주민의 의식수준을 향상시킬 필요가 있다. 그러기 위해서는 자녀들의 교육과 어른들의 문화적 수준을 높이도록 노력해야 할 것이다.

바이칼호는 어느 한 나라 어느 한 민족과 지방의 전유물이 아니다. 인류 공동의 자

후줘르 마을에서 하보이 갑으로 가는 도로는 툰드라 지역의 열카르스트(thermo karst) 지형보다도 더 울퉁불퉁하고 열악한 상태이다. 노인은 고사하고 젊은 사람도 허리가 부러질까봐 걱정할 정도다. 당시 우리 일행 중 이정면 교수는 90세요 내 나이 88세이다. 환갑인 젊은 총무도 허리가 부러질 것 같아 긴장하며 짐짝처럼 이리저리 중심을 잡을 수 없었다고 술회하니 관광의 즐거움을 상쇄하지 말고 길부터 정비하기를 권고한다. 당장 도로를 포장할 여력이 없다 하여도 수로(修路) 작업을 부지런히 하기를 권고한다.

연유산이라는 인식하에 찾는 사람이나 지키는 사람 모두가 합심하여 길이 보전하고 가꿔나갈 책임이 있음을 통감하는 노력과 계몽이 있기를 바란다.

바이칼호 호변에 자리 잡은 바이칼호 자연사박물관은 규모는 작지만 짜임새 있게 꾸며져 있어 바이칼호의 여러 가지 구조적 문제와 생물학적 예비지식을 얻을 수 있다. 부디 이곳을 먼저 살피고 답사와 여행은 이후에 실행하기를 바란다.

참고문헌

권동희. 2006.『한국의 지형』. 한울아카데미.

권순식. 2005.『사면이동의 지형학』. 다락방.

권혁재. 1990.『지형학』(제3판). 법문사.

김우관. 2000.『지형학』. 형설출판사.

김주환. 2002.『지형학』. 동국대학교출판부.

이한신. 2014.『시베리아 횡단열차 그리고 바이칼 아무르 철도』. 이지출판.

최연혜. 2013.『시베리아 횡단철도』. 나무와숲.

Oakeshott, G. B. 1992.『地震と火山』. 中村一明 譯. 科學社.

フレンチ, H. M. 1984.『周氷河環境』. 小野有五 譯. 古今書院.

渡邊貫. 1935.『地質工學』. 古今書院.

北京大學·南京大學. 1978.『地貌學』. 北京大學教材 北京新華書店.

森野浩·宮崎信之 編. 1994.『バィカル湖』. 東京大學出版会.

上田誠也. 1971.『新しい 地球觀』. 岩波新書.

西武タイム編集部. 1984.『ライフ 地球再發見 "火山"』. 西武タイム.

西武タイム編集部. 1984.『ライフ地球再發見 "氷河"』. 西武タイム.

野尻湖發掘調査團 編. 1997.『最終氷期の自然と人類』. 共立出版社.

原剛. 2001.『バイカル湖物語』. 東京農大出版會.

朝日新聞. 1985.『朝日百科 69 "世界の地理" 東部シベリア』. 極東.

中國科學院 蘭州 氷川凍土研究所. 1988.『中國氷川概論』. 中國科學院 蘭州 氷川凍土研究所.

中村泰三. 1984.『現代のソビエト世界』. 地人書房.

村山磐. 1981.『火山の活動と地形』. 大明堂.

阪口豊. 1982.『氷河時代 小林國夫』. 岩波書店.
下鶴大輔. 2000.『火山のはなし』. 朝倉書店.
横山泉 外. 1999.『火山』. 岩波 地球科學 選書.

Akulov, N. I. and Rubtsova, M. N. 2011. "Deposits from the Glacial Age at Lake Baikal", *Earth and Environmental Sciences*, December 7, 2011. Institute of the Earth's Crust, Siberian Branch of the RAS Russia.
Anenkhonov, Oleg and Pronin, Nikolay. 2010. *Lake Baikal's Selenga River Delta: Biodiversity, Conservation, and Sustainable Development*. Institute of General and Experimental Biology Siberian Branch, Russian Academy of Sciences, Ulan-Ude, Russia.
Bloom, Arthur L. 2004. *Geomorphology: A Systematic Analysis of Late Cenozoic Landforms*. Waveland Pr Inc.
Bloom, Arthur L. 1969. *The Surface of the Earth*. Prentice Hall College Div.
Colman, Steven M., Karabanov, E. B., Nelson III, C. H. 2003. "Quaternary sedimentation and subsidence history of Lake Baikal, Siberia, based on seismic stratigraphy and coring". *USGS Staff Published Research*, Paper 279.
Decker, Robert and Decker, Barbara. 1989. *Volcanoes*. W. W. Norton&Company, Inc.
Decker, Robert and Decker, Barbara. 2001. *Volcanoes in America's National Parks*.
DK. 2007. *Earth: The Definitive Visual Guide*. DK.
Dunbar, Carl O. 1961. *Historical Geology*.
Dunbar, Carl O. and Waage, Karl M. 1969. *Historical Geology*. John Wiley & Sons, Inc.; 3rd edition.
Easterbrook, Don J. 1969. *Principles of geomorphology*. McGraw-Hill
Engeln, O. D. von. 1942. *Geomorphology*. Macmillan.
Freidberg, Aleksei. 1990. *BAIKAL*. Moscow.
French, H. M. 1997. *The Periglacial Environment*. Longman Pub Group.
Geologic Origin of Lakes.

Grygar, T. 2006. "Paleoenvironmental record in Lake Baikal Sediments: Environmental changes in the last 160 ky", *Palaeogeography, Palaeoclimatology, Palaeoecology*, 237 pp.240–254. UCL.

Hambrey, Micael and Alean, Jürg. 1992. *GLACIERS*. Cambridge University Press.

Hinds, Norman E. A. 1943. *Geomorphology: The evolution of landscape*, (Prentice–Hall geology series). Prentice–Hall, inc

Ionut Popa, 2009. "BAIKAL LAKE–TYPES OF LANDSCAPES IN THE GEOGRAPHICAL AREA", *Lakes, reservoirs and ponds*, vol. 3(1): 65–73. Romanian Limnogeographical Association

Karabanov, Eugene et al. 2004. "Ecological collapse of Lake Baikal and Lake Hovsgol ecosystems during the Last Glacial and consequences for aquatic species diversity", *Palaeogeography, Palaeoclimatology, Palaeoecology*, Volume 209, Issues 1-4, 6 July 2004. Elsevier.

Krafft, Katia. 1979. *Volcanoes, Earth's Awakening*. Hammond World Atlas Corp.

Lobeck, A. K. 1939. *Geomorphology*. McGraw–Hill Inc.,US.

Petit, Carole and Déverchère, Jacques. 2006. "Structure and evolution of the Baikal rift: A synthesis". *Geochemistry Geophysics Geosystems*, 2006, 7, pp.Q11016.

Rundqvist, D. V. and Mitrofanov, F.P. 1993. *Precambrian Geology of the USSR*. Elsevier Science Publishers B.V.

Rusinek, O. T., Ufimtsev, G. F., Fialkov, V.A. 2011. *Baikal: A Scientific Tour of Lake Baikal*. Novosbirsk Academic Publishing House.

Sergeyev, Mark. 1990. *Irkutsk and Lake Baikal*. Planeta Publishing.

Thornbury, William D. 1954. *Principles of geomorphology*. Wiley.

Veal, Karen L. 2007. *Numerican modelling of the thermodynamics of lake baikal and the population dynamics of the baikalian diatom "aulacoseira baicalensis"*. University of Leicester.

Washburn, A. L. 1973. *Periglacial processes and environments*. Edward Arnold.

Zumberge, James Herbert. 1958. *Elements of Geology*. Wiley.

러시아어 일람표(자모순)

서무송이 쓰고 푸른길에서 낸 책

나의 지리답사 60년

2016.12 | 280쪽 | 25,000원

서무송은 중학교 시절부터 우리 주변에서 일어나는 많은 자연 현상에 대해 끊임없는 의문과 흥미를 가지고 공부해왔다. 자연스럽게 대학에서도 지리학과를 선택하였고 특히 자연지리학을 선호하여 오늘날까지도 열심히 공부하며 의문을 키워나가고 있다. 그는 나이가 들고 불로장생할 듯하였던 자신의 꿈에 자신감을 잃으면서 인생을 마감하고 정리하는 뜻에서 학계나 후진에게 남기고 싶은 이야기를 글로 쓰기 시작하였다. 이 책은 지리학자로서 살아온 그의 인생과 60여 년에 걸친 지리답사를 되돌아본 것이다.

2011년 대한민국학술원 우수학술도서 | 2010년 교육과학기술부 우수과학도서

카르스트지형과 동굴 연구

2010.8 | 284쪽 | 50,000원

서무송은 우리나라 석회암동굴 연구에서 독보적인 존재이다. 그는 최근까지도 답사를 하며 무려 60년을 지리학, 특히 카르스트지형 연구에 매진하였다. 또한 21세기 지표상에 남은 유일한 탐험공간인 지하의 암흑세계, 그 속에서 전개되는 석회암동굴(종유동)을 찾아, 국내외 130여 개의 동굴을 탐험하고 때로는 관광동굴을 찾아내어 착실하게 사진과 동굴학적 기록을 남겼다. 400여 장의 현장사진이 수록되어 있는 이 책에는 저자가 한평생을 바친 카르스트지형과 석회암동굴 연구 내용이 체계적으로 정리되어 있다.

2010년 문화체육관광부 우수학술도서

지형도를 이용한 제주도 기생화산 연구 및 답사

2009.10 | 168쪽 | 18,000원

이 책은 크게 제주도 기생화산의 분포 및 분석과 한라산과 주요 기생화산 답사의 두 부분으로 구성 되어 있으며, 저자가 답사를 통하여 학술적 가치가 있다고 생각한 52개의 기생화산체를 지형도와 함께 개별 기술하고 있다. 이 연구에서 저자는 제주도 전체가 350매로 구성된 1:5,000 지형도를 기본도로 사용하였고, 이를 다시 1:50,000 지형도상에 가로세로 100등분 하여 기본도 조견표를 만들었다. 여기에 더하여 1:25,000 지형도 21매와 1918년을 전후하여 조선총독부가 발행한 1:50,000 지형도 10매를 사용하여 한문 표기와 역사성을 검증하였다.

지리학 삼부자의 중국 지리 답사기(상, 하)

2004.7 | 서인명 · 서원명 공저 | 각권 307쪽 | 각권 18,000원

중국 대륙에는 관광객들의 입을 못 다물게 하는 경관들이 수없이 많다. 신기함에서도 그렇고 그 규모 면에서도 그런 경우가 많다. 평원상에서 바로 하늘을 향해 솟은 구이린(계림)의 뾰족뾰족한 산봉우리들, 물과 땅이 뒤범범이 되어 끝없이 펼쳐진 큰 강 유역의 수향지대 등. 신기하다거나 어마어마하다는 감탄사 뒤에는 ‘어떻게 이런 경관이 가능한가?’라는 질문을 던지게 된다. 이 책은 이러한 질문에 대한 답을 주고 있다. 단순히 관광을 하기보다는 이러한 경관 뒤에 숨은 자연의 원리나 그곳을 터전으로 살아가는 사람들의 생활을 이해하는 계기가 되었으면 하는 것이 이 책을 펴내 게 된 동기이다.